逻辑思维

聪明人是如何思考的

郭志亮／著

中国财富出版社

图书在版编目(CIP)数据

逻辑思维：聪明人是如何思考的 / 郭志亮著. —北京：中国财富出版社，2017.1(2017.6 重印)

ISBN 978-7-5047-6297-9

Ⅰ.①逻… Ⅱ.①郭… Ⅲ.①逻辑学—通俗读物 Ⅳ.①B81-49

中国版本图书馆CIP数据核字(2016)第 253451号

策划编辑	张彩霞	责任编辑	白 昕 杨 曦		
责任印制	方朋远	责任校对	梁 凡 张营营	责任发行	张红燕

出版发行	中国财富出版社		
社 址	北京市丰台区南四环西路 188 号 5 区 20 楼　邮政编码　100070		
电 话	010-52227588 转 2048/2028(发行部)　010-52227588 转 307(总编室)		
	010-68589540(读者服务部)　　　　　010-52227588 转 305(质检部)		
网 址	http://www.cfpress.com.cn		
经 销	新华书店		
印 刷	北京柯蓝博泰印务有限公司		
书 号	ISBN 978-7-5047-6297-9/B·0510		
开 本	710mm×1000mm　1/16	版　次	2017 年 1 月第 1 版
印 张	17.25	印　次	2017 年 6 月第 3 次印刷
字 数	232 千字	定　价	38.00 元

版权所有·侵权必究·印装差错·负责调换

前 言

这是一个知识爆炸的时代,也是一个头脑竞争的时代。在这竞争日益激烈的环境下,想要更好地生存,不仅需要勤奋,还必须拥有智慧。随着人才竞争的日趋激烈和高智能化,越来越多的人认识到仅拥有知识是远远不够的。因为知识本身并不能告诉我们遇到问题如何解决,以及如何创新,这一切都要靠人的智慧,也就是大脑思维来决定。那些在社会上有所成就的人无不具有卓越的思维能力。

逻辑,就是一门讲述思维形式的学问。

逻辑,源于希腊语,最初是词语、思想、概念、论点和推理的意思,又称推理、理则。作为一门形式科学,逻辑研究"有效推论和证明的原则与标准",通过研究推论的形式系统和自然语言,将命题和论证进行分类。逻辑学研究的范畴包括谬论与悖论等核心议题,以及利用概率或因果论进行推断或论证等专业方面的推理分析。

学者们研究逻辑时,曾把它作为哲学的一个分支。19世纪中期以来,逻辑便常常出现在数学和计算机科学的研究之中。这是一门形式科学,通过对自然语言论证和推论的形式系统二者的研究,分类语句、论证的结构来进行的。

现在,日常的辩论,也常常会用到逻辑。比如,一家三口在逛街时经过一家玩具商店,孩子向妈妈提出买某个玩具的请求,被妈妈拒绝了。于是,孩子对爸爸说:"爸爸比妈妈好,爸爸给我买个玩具吧。"

这个例子反映了逻辑的最基本公式——不管是完美的逻辑，还是有缺陷的逻辑，都是充满矛盾，经不住时间考验的。就像在方块中割取圆形，永远无法占据整个方块。逻辑中的思维也是如此，永远无法穷尽一般思维的方块。思维形式有多种体现，词项逻辑侧重类属关系，命题逻辑侧重依存关系。由于人们有着不同的审美观点，对思维形式的发掘在深度、广度上也各不一致。现代逻辑逐渐渗透数学领域，但距离时代呼唤的一般思维逻辑还有一段距离。

逻辑为思维提供逻辑方面的具体知识，更利用这些逻辑形式对思维展开规范性训练。虽然逻辑形式和规律有限，不可能适用于无限的思维实践，但在对它们的反复使用中，却能够加强人们对逻辑思维一般原理的理解和领悟，从而具备更明确、更周密、更有序的高层次思维。

这种对思维的规范和升华，正是逻辑形式训练的成果。

本书是写给普通读者的逻辑入门书，以逻辑小故事为线索展开，引导读者进入逻辑的殿堂，包括概念、命题、推理、逻辑规律、非逻辑思维等逻辑学基本内容，在故事中以很多生活细节讲解逻辑，来引导人们如何"清晰思考"。

目 录

第一章 生活皆逻辑——成功者的思维方式 …………………… 1

   1. 生活处处皆逻辑 ………………………………………… 2

   2. 成功者都有缜密的逻辑思维 …………………………… 6

   3. 推理只是抽丝剥茧吗 …………………………………… 9

   4. 怎样有逻辑地归纳信息 ………………………………… 14

   5. 触类旁通，可以让结论更准确 ………………………… 18

   6. 因果逻辑，万事皆有因才有果吗 ……………………… 21

   7. 认知逻辑悖论：哲学家的游戏 ………………………… 25

   8. 识诡辩者是怎样歪曲逻辑的 …………………………… 29

第二章 语言逻辑——如何提升说服力 ………………………… 33

   1. 聪明的回答者都是逻辑高手 …………………………… 34

   2. 成功说服，逻辑是重点 ………………………………… 37

   3. 黑白颠倒，让意味更加深长 …………………………… 40

   4. 换汤不换药，做个会说话的人 ………………………… 43

   5. 跳出对方的逻辑包围圈 ………………………………… 47

   6. 掌握主动权，让对方跟着你的逻辑走 ………………… 51

   7. 摸清脉搏，让对方主动满足你的需求 ………………… 54

   8. 罩门效应，让情绪为己所控 …………………………… 56

第三章　逆向逻辑——反弹琵琶，出奇制胜 …… 63
 1. 突破常规：反弹琵琶，出奇制胜 …… 64
 2. 反道而行，问题迎刃而解 …… 66
 3. 换条跑道，水路不通走旱路 …… 69
 4. 遇到困难，倒推因果破僵局 …… 72
 5. 逆向思维，化不利为有利 …… 75
 6. 遭遇挫折，反向思考危机和机遇 …… 79
 7. 倒后推理，问题解决的助推器 …… 83
 8. 颠覆思路，创造奇迹 …… 85

第四章　发散逻辑——任何事物都是多面体 …… 89
 1. 成功源于思维的扩散 …… 90
 2. 任何事物都是一个多面体 …… 92
 3. 尊重经验，但不要被经验所束缚 …… 94
 4. 移植思维，让联想缔造成功 …… 98
 5. 驱动想象，寻求最佳的解决方案 …… 102
 6. 思维的广度决定成功的高度 …… 105
 7. 集思广益，让头脑来场风暴 …… 109

第五章　超前逻辑——提前奠定成功之势 …… 113
 1. 鹰的眼光，早走一步奠定优势 …… 114
 2. 洞察力是远见的前提 …… 117
 3. 正确的预见等于成功了一半 …… 119
 4. 防患未然，不要把鸡蛋放进一个篮子 …… 123
 5. 成功捷径，总比别人快一步 …… 126
 6. 思维有多远，机遇就有多大 …… 129
 7. 敏锐地捕捉危机和契机 …… 133

第六章　缜密逻辑——减少失误的法门 ……… 137

1. 见微知著，不疏漏每个细节 ……………………… 138
2. 蚂蚁也能搬走大象，细节决定成败 ……………… 142
3. 别忽略每一个小人物 ……………………………… 145
4. 防微杜渐，小处不可小视 ………………………… 148
5. 总览全局，才能立于不败之地 …………………… 151
6. 即便是再小的事情，也要做到最好 ……………… 154
7. 精雕细琢，专注就能成功 ………………………… 157
8. 谨言慎行，像侦探一样思考 ……………………… 160

第七章　换位逻辑——大家赢才是真的赢 ……… 165

1. 与优秀的人同行，你才会优秀 …………………… 166
2. 帮他人得到他们想要的东西 ……………………… 169
3. 别把你不想要的强加给别人 ……………………… 171
4. 看破不说破，给人留面子 ………………………… 173
5. 竞争的最好结果也不如合作双赢 ………………… 176
6. 顺着别人的思路，办成自己的事 ………………… 179
7. 为他人着想，是一种成功的动力 ………………… 183
8. 扭转角度，解决问题很容易 ……………………… 186

第八章　迂回逻辑——绕开障碍，曲径通幽 ……… 191

1. U形思维，无法突破就避直就曲 ………………… 192
2. 换地打井，及时改变方向 ………………………… 195
3. 学会借力，巧让他人代劳 ………………………… 197
4. 取胜有道，只因善于迂回变通 …………………… 199
5. 今日吃小亏，来日占大便宜 ……………………… 202

6. 用W形思维法曲径通幽 ………………………………… 205
7. 以柔克刚，轻松锁定胜局 ……………………………… 208

第九章 辩证逻辑——另辟蹊径才能脱颖而出 …………… 211
1. 不寻常的方略造就不寻常的成功 ……………………… 212
2. 最简单的办法往往是最聪明的 ………………………… 215
3. 综合考虑，把你的想法整合起来 ……………………… 218
4. 失败不是终点，而是成功的起点 ……………………… 222
5. 不是没有价值，而是你没发现 ………………………… 225
6. 另辟蹊径，会看到不一样的风景 ……………………… 228
7. 别具一格，见缝插针寻找商机 ………………………… 232
8. 只有可能，没有不可能 ………………………………… 235

第十章 创新逻辑——走的人多了就没有了路 …………… 239
1. 大家都称赞的"创意"没有价值 ……………………… 240
2. 创新思维，点睛之笔 …………………………………… 243
3. 成功与否，创意决定 …………………………………… 246
4. 敢于冒险是创新的标志 ………………………………… 250
5. 用"心"才能创"新" ………………………………… 254
6. 创新能力的强弱在于能否突破 ………………………… 257
7. 大胆革新，锐意进取 …………………………………… 260
8. 贵在"与众不同" ……………………………………… 264

第一章

生活皆逻辑——
成功者的思维方式

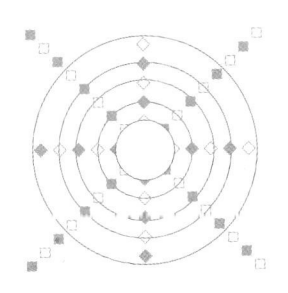

1. 生活处处皆逻辑

一提到"逻辑"二字，很多人会觉得它离现实很遥远，只会出现在探案小说里，或是法庭上控辩双方的交锋过程中。的确，在一些带有悬疑色彩的事件中，逻辑能得到最直观的体现，比如下面这个案例：

历史上著名的美国总统林肯，在成为总统之前，曾经做过一段时间的律师。期间，他曾为老朋友的儿子小詹姆斯做过辩护。

库伯·詹姆斯的儿子小詹姆斯和德菲逊·琼斯的儿子小琼斯是好朋友，两人经常一起玩耍。一天，两人在农场的一棵大树下玩棒球，小琼斯不小心将球击打到了小詹姆斯的脸上，小詹姆斯认为对方是故意的，因此两人起了争执，并打了一架。最后在小琼斯的父亲德菲逊的调解下，两人握手言和，但棒球游戏没有继续下去，小詹姆斯气冲冲地走了。当时老琼斯觉得两个小孩子打架没什么不好，他认为孩子们通常都是越打越亲近，第二天就没事了。

谁知，不幸的事情发生了。第二天清早，老琼斯去整理草堆，准备一天的工作，却在大树下发现小琼斯躺在血泊中，已经没有了气息。他顿时如遭雷击，大声哭喊引来了左邻右舍。人们看到这种情况后都非常震惊，随后纷纷安慰老琼斯，让对方节哀顺变，并打电话报了警。

警方赶到之后，对现场进行了封锁，并展开了严密排查。虽然警方对老琼斯的左邻右舍进行了详细询问，却没有从中了解到有价值的线索。正在众人一筹莫展时，一位叫蒙丹·路易斯的年轻人说自己看到了小琼斯被杀的过程。大家对这位小伙子非常熟悉，他是一个整天没事做、东走西逛的肆业青年，酒足饭饱之后总喜欢在村子周围闲逛，很有可能撞上这件事情，所以大家在听到他的话后，感觉确实有这种可能。

警方将蒙丹·路易斯带回了警局，并进行了详细调查和询问。据路易斯提供的线索指证，凶手很可能就是与小琼斯起过冲突的小詹姆斯。因此，警方将最大嫌疑人小詹姆斯带回了警局，并进行了审讯。但小詹姆斯坚持说自己没有杀人，他离开农场后根本就没有再回去。

老琼斯痛失爱子，当听到是小詹姆斯杀死自己的儿子时，十分生气，强烈要求法院判处小詹姆斯死刑，让他为自己的孩子偿命。法院受理了此案，开庭审理。

法庭上，原告方证人路易斯指控小詹姆斯故意杀人，并发誓自己目睹了对方杀害小琼斯的全过程，而按照法庭审理流程，辩护方的律师应该当场对原告证人进行质询。

林肯："案件的发生时间是哪一天？"

听到林肯问这种问题，大家都觉得他没水平，路易斯也不例外，但限于法庭规定，他还是回答了林肯的问题："10月18日。"

林肯："你确定你看到的是小詹姆斯吗？"

路易斯："确定！"

林肯："根据现场勘查以及你提供的口供来看，你当时在草堆旁睡觉，听到声音后被惊醒，正好看到小詹姆斯的行凶过程。但当时小詹姆斯在大树下，而你却在距离他30米远的草堆旁，而且还是在晚上，你真的可以看清楚吗？"

路易斯："看得非常清楚，因为那晚月光很亮。"

林肯："你是仅仅通过衣着进行辨认，还是通过其他方式？"

路易斯："不是根据衣着。我看清楚了对方的脸，因为当时月光正好照在他的脸上，我一眼就认出了是小詹姆斯。"

林肯："那么你可以说出具体时间吗？"

路易斯："当然可以，因为发生这种事情，我十分害怕，直接跑回了家中，还特意看了一眼钟表，那时正是11点半。"

询问完毕之后，林肯沉思片刻，转身对着法庭上的众人说道："很抱歉，但我不得不告诉大家，路易斯是个骗子，他提供的证词都是假的。"

听到林肯的话，现场一片哗然，路易斯十分激动，大喊道："你胡说！你凭什么说我是骗子，我说的都是真的！不信的话，你可以去现场取证。"

法庭上，众人议论纷纷，老琼斯也对林肯怒目而视。

林肯环视众人，接着说道："不用去现场，我现在就可以告诉你为什么！"接下来，林肯看了路易斯一眼，说："路易斯说他是在10月18日晚上11点半在月光下目睹了整个案件的过程，并看清了凶手的脸。那么，请大家认真思考一下，10月18日的月亮是上弦月，到了晚上11点半时，月亮肯定已经落下去了，怎么还会有月光呢？当然了，也可能是证人记错了时间，那么，就算在时间上提前一些，月亮依然挂在天上，但那时的月亮月面朝西，位于西半天空，月光自然会从西方向东方照射。但草堆是在农场东边，大树却在农场西边，如果被告当时在场，那他应该是面向草堆方向的，如此一来，被告的脸就不可能被月光照射到，那么，证人又怎么可能在那么远的距离看清楚被告的脸呢？"

听完林肯的分析后，法庭上众人一时之间都陷入了沉默之中，片刻之后，全场迸发出雷鸣般的掌声与欢呼声。老詹姆斯激动得泪流满面，而路易斯则无言以对。法庭当场宣布小詹姆斯无罪开释。

这个庭审案例充分体现了林肯出众的逻辑思维能力。他能够从看似合理的证据之中发现不合理之处。当发现证人的话出现纰漏时，他并没有立即指出，反而漫不经心地继续问下去，使得证人掉以轻心，接着出现更多的纰漏。逻辑就是这样一环扣一环，由什么原因推理什么结果。你的证据可以证明对方是正确的，也可以证明对方是错误的，重点在于你的证据是否可靠、可信，这需要拥有敏锐的目光和善于思考的头脑。

三位秀才结伴赴京赶考，在路上他们遇见了一位算命先生，这位算命先生被当地人尊称为"活神仙"。三位秀才想要知道这次考试的前景，便去咨询算命先生："我们三人这次能考中几个？"

算命先生念念有词，装模作样地掐算了片刻，向他们竖起一根指头。三位秀才十分不解，请求拆解。但算命先生却故作神秘地说："天机不可泄露！往后你们自会知晓。"

发榜之后，只有一个秀才考中了进士，另外两人名落孙山。考中的那个秀才特来酬谢算命先生。他一见到算命先生的面就称赞道："'活神仙'果然名不虚传，料事如神。"他模仿当初"活神仙"的动作，竖起一根指头说："这次的确'只中一个'。"然后给了算命先生很多酬金。

事后，算命先生的妻子问："你为什么算得这么准？"

算命先生狡黠地说："并不是我神机妙算，只是你不懂此中奥妙罢了。竖一根指头的动作，包含了四种解释。假如那三位秀才都中榜，就可以解释为'一同考中'；若是三人都名落孙山，就可以解释为'一同落榜'；若是仅一人考中，那就可以解释为'一人考中'；假如有两人考中，就成'一人落榜'了。所以，无论最终结果是哪种情况，都可以证明我的推算是准确的。"

在这个故事中，算命先生故意把话说得模棱两可，让三位秀才无法用准确的概念来界定他的动作究竟所指何意。由于概念的模糊性，无论三位秀才遇到什么结果，都可以用有利于算命先生的某种逻辑来解释"一个指头"的含义。这样一来，逻辑思维能力较弱的秀才就会被狡猾的算命先生耍得团团转。

逻辑的作用渗透在生活的各个领域，人们把现实中的逻辑思维经验加以概括，并总结出正确的思维形式及规律，这就形成了逻辑科学。可见，逻辑并不是什么深奥莫测、脱离实际的玄学，它就在我们日常生活和工作中，时时、处处都能见到它，只是有人察觉到了，有人没察觉罢了。如果一个人能自觉地注意逻辑思维，就能使头脑更聪明、语言更精确、分析事理更敏锐，从而提高自己的思维效率和工作水平。

2. 成功者都有缜密的逻辑思维

一直以来，成功者都是人们追随的对象，很多人希望从他们身上了解成功的秘诀。可是成功的秘诀到底是什么呢？有人说，成功者都很勤奋，很执着；有人说，成功者口才好，善于推销自己；有人说，成功者善于创造机会，善于把握机会；有人说，成功者善于结交朋友……

这些固然是成功者具备的能力，却不是成功者成功的核心秘诀。笔者认为，成功者成功的核心秘诀是思维能力，更确切地说，是逻辑思维能力。因为逻辑思维缜密，所以他们在勤奋与执着之前就已经选好了要走的路，在适合自己的道路上走下去，自然容易成功；因为逻辑思维缜密，所以他们说话措辞恰当，往往能够一语中的，说服他人，也容易推销自己；因为逻辑思维缜密，所以他们知道自己需要什么样的机会，然后有目的地去创造机会、把握机会；因为逻辑思维缜密，所以他们会有选择、有计划地结交朋友，借助他人之力追求成功。说到底，就是因为他们逻辑思维能力强，才能一步步走向成功。

美国第一任总统乔治·华盛顿就是一个逻辑思维十分缜密的人，这一点在一件小事上有充分的体现。

一天夜里，华盛顿家里的一匹马被偷了。第二天，华盛顿报了警，警察经过一番摸底排查，把嫌疑人锁定在了华盛顿的邻居身上。于是华盛顿同警察一起去邻居家索要马，可无论警察怎么说明情况，邻居始终不认账，他口口声声说那些马都是自己辛辛苦苦喂大的。

警察很无奈，就问华盛顿："先生，您家的马有什么特殊的标记吗？"

华盛顿没有回答，他在邻居的农场里转了一圈，很快就找到了自家的马。他走到马跟前，用双手捂住马的双眼，问邻居："你确定这匹马是你养大的吗？"

"当然，这绝对没有错。"邻居的语气十分肯定。

"好，那你告诉我，这匹马哪只眼睛是瞎的？"华盛顿问。

"是……是右眼……"邻居显然不那么肯定，语气有点支支吾吾。

华盛顿把蒙住马右眼的手拿开，马的右眼并没瞎。

"啊呀，我记错了，真不好意思，"邻居见势不妙，马上改口，"马的左眼才是瞎的。"华盛顿又把蒙住马左眼的手拿开，马的左眼也没瞎。

"我又说错了……"邻居又找借口狡辩。

这时，一旁的警察说话了："是的，先生，您错了。事实已经说明了一切，这匹马根本不是你的，你必须把它还给华盛顿先生。"

"这匹马哪只眼睛是瞎的？"这是一个问句，它的意思是：这匹马有一只眼睛是瞎的。邻居半夜偷马，并不知道这匹马是否瞎了一只眼。当华盛顿问他"这匹马哪只眼睛是瞎的"时，他马上意识到这匹马瞎

7

了一只眼,于是胡乱说"右眼是瞎的",想蒙混过关。他认为答对这道题的概率是50%,即使答错了也不要紧,可以说记错了。殊不知,华盛顿的问题一开始就是一个陷阱,因为马的两只眼睛都是好的。

警察马上根据华盛顿与偷马者的对话做出判断:自己养大的马,怎么会不知道马的眼睛瞎不瞎?除非这匹马不是他的。在这个简单的事件中,华盛顿的提问充满了逻辑性。通过推理,警察找出了偷马者,华盛顿找回了自家的马。由此可见,逻辑思维在日常生活中有十分重要的作用。

为什么逻辑思维能力那么重要?因为逻辑思维能力是指合理、正确地思考的能力,它是通过对事物的观察、比较、分析、综合、抽象、概括、判断、推理,最终准确而有条理地表达自己思维的过程。换言之,逻辑思维是一种非常理智的思维,它的结论是建立在一定的论据之上的,绝非凭空猜测、胡编乱造。

德国古典哲学家黑格尔曾经说过:"逻辑是一切思考的基础。"大数学家高斯也曾表示:"人必须拥有清晰的逻辑思维能力,因为这是一个人理性与否的重要标志。"一个人如果没有逻辑思维能力,他的大脑必将一片混乱,做事时会毫无头绪,也不可能做出正确的判断和迅速的决策。正因为如此,世界500强企业才会特别重视员工的逻辑思维能力,将逻辑思维能力作为员工必备的素质之一。

逻辑思维能力是一种出色的能力。一个人要想成为优秀的员工,要想成功创业,成为生活中的智者,就必须具备缜密的逻辑思维。因为逻辑思维能力是一切思考的基础,也是成功的基石。

3. 推理只是抽丝剥茧吗

最能体现逻辑思维魅力的，莫过于逻辑推理活动。不少人听到"逻辑"这个词时，第一反应就是"逻辑推理"，接着就会联想到文学作品中杰出的侦探之一——福尔摩斯。

自从这位经典文学人物出现后，以逻辑思维为卖点的悬疑推理类小说在全世界流行开来。尽管各国作家创作的侦探角色各异，但多少都借鉴了福尔摩斯探案的模式——从蛛丝马迹中展开推理，用严密的逻辑串联起支离破碎的线索，用一个成语来描述，就是"抽丝剥茧"。

在侦探小说里，主人公常常会对第一次见面的报案人展示自己的推理能力，猜出对方的身份、职业。擅长逻辑推理的人都给人一种无所不知的感觉，仿佛只要看到你鞋底沾的泥块，就可以推断出你什么时候去了什么地方。然而事实上，逻辑推理并没有那么神乎其神，它只是逻辑思维的一种应用形式。

任何令人赞叹的逻辑推理，都必须以推理对象的某些线索为依据。在逻辑学中，这些线索被称为"已知前提"。"已知前提"是推理的起点，也是逻辑思维的起点。逻辑推理的本质，就是通过若干"已知前提"来推导出事物的本来面貌。

逻辑思维追求精确严谨、前后一致。既然如此，逻辑推理是不是只有唯一正确的路径呢？

不见得。侦探小说设定的案件有唯一的真相，所以逻辑推理有唯一的正解。但逻辑推理是一个用不同排列顺序连接"已知前提"的过程。由于每个人的知识背景与价值观不同，所以不一定会用同样的逻辑来进行推理。

约翰和杰克两人一同考进了一所著名的大学，新学期开始了，约翰不知道该选什么课，就跑去问指导教授。

约翰向教授提出了问题，教授上下打量了约翰一番，说道："我建议你先选修数学、历史和逻辑这三门课。"

"数学和历史我知道，可是逻辑是讲什么的？"约翰问。

"我举个例子：请问你自己有没有割草机？"教授很和气地讲。

"有啊！"

"那么，我就可以推论，既然你有割草机，你就一定有一块草坪。"教授说道。

"对，我家确实有一块草坪。"约翰回答道。

"如果你有草坪，逻辑告诉我，你一定有一套房子。"教授继续说道。

"一点儿也不错！"教授的料事如神让约翰很惊奇。

"你买了一套带草坪的房子，一定是为了结婚。"教授判断。

"是啊，我才结的婚。"

"要是你结婚了，你一定有个妻子。"教授继续做逻辑推理。

"是啊，我很爱我的妻子。"约翰回答。

"如果你有妻子，而且很爱她，那么根据逻辑推断，你一定是个异性恋者。"教授得出结论。

"这太妙了，我一定要学逻辑，请问什么时候可以开始上课？"兴奋的约翰有些迫不及待了。

从教授那里出来，约翰对杰克说的第一句话就是："我要去学逻辑！"

"逻辑是什么啊？"杰克抓了抓头皮，不解地问道。

"是这样的，比如，嗯……请问你有没有割草机？"约翰问杰克。

"没有。"杰克回答道。

杰克刚说完，约翰就惊奇地大叫道："啊，原来你是同性恋啊！"

教授从约翰有一个割草机开始一步步推理，最后得出了约翰是一名异性恋的结论。虽然表面上割草机与异性恋没有任何关系，但经过合理的逻辑推理，两者之间有了一种关系，那就是因果关系。

逻辑推理最讲究的是严密性，要求人们通过某个真实的前提来推导出一些"必然"的结论。发散思维可以无边无际地遐想，将两个风马牛不相及的事物用某种联系硬扯到一起，哪怕这种联系缺乏现实合理性，也不会影响发散思维的运用。但逻辑思维必须是确定无误的，假如推理所依据的前提出现一丝错误，再严密的推理也会"谬以千里"。

让人信服的推理必定拥有十分严密的逻辑，这种严密性主要表现在道理和论据上。我们通常说某人的推断有理有据，指的就是其在论证过程中运用了合乎常识的道理与让人难以反驳的论据。两者共同构成了推理的逻辑。

世上的道理有千千万万，但对于某一具体事物而言，只能用某一个道理解释。而让人难以反驳的论据，不仅具有真实性，而且往往具有唯一性。也就是说，该论据只能用单一的逻辑来解释，完全排除了其他可能性。

最典型的逻辑推理活动就是警察破案。警察在分析案发现场及涉案人员的种种蛛丝马迹（已知前提）之后，会运用犯罪学原理来还原整个案发经过，一步一步揭开事情的真相。

美国某机场曾经遭遇过一次恐怖袭击。

某天下午，恐怖分子扬言已经在机场布置了大量炸弹，为了表示自己没有说谎，他们在几个不重要的位置引爆了炸弹。

联邦调查局不敢怠慢，立即出动大批反恐部队，与当地警方一起包围了机场。负责指挥反恐部队的是高级特工卡特尔。

按照常识推断，恐怖分子的袭击目标是机场以及机场里的无辜群众。恐怖分子在电话中要求指挥官卡特尔命令自己的部下让出一条通道，并提供一架直升机。联邦调查局还没调查清楚炸弹的放置地点，也不清楚恐怖分子的虚实。为了避免爆炸造成无辜群众伤亡，卡特尔不得不先答应对方的条件，然后再视情况决定下一步动作。他给总部打电话申请调用一架直升机，总部同意了。

就在放下电话的一刹那，卡特尔隐隐感到哪里不合情理，于是他迅速在头脑中梳理了已知情报。

恐怖分子在机场放置了炸弹，要求反恐部队让开一条路，并提供一架直升机。

而在卡特尔的印象中，恐怖分子要么不宣而战，直接发动突然袭击；要么以人质相要挟，要求政府交出某个人（被俘的恐怖分子或者刺杀对象）。这是恐怖分子通常的行为逻辑。

但这一次，恐怖分子本可以打联邦调查局一个措手不及，却只是象征性地引爆了几颗炸弹，又没有提出交换人质之类的要求，这显然不符合常理。最重要的是，恐怖分子不会漫无目的地活动，其行动必有其目的。

卡特尔冷静地回想了一下已知情报。当时唯一有袭击价值的地方是当地的某个酒店，因为有一位身份很重要的政府参议员将在那家酒店里会见当地政府官员，时间恰好在当天下午。卡特尔上午刚从那边过来，许多警力也因恐怖袭击被调往机场，因此，酒店的守备力量十分薄弱。

假如恐怖分子的真实意图是刺杀参议员一干人等，一切就能说得通了。机场袭击不过是调虎离山之计，目的就是将联邦调查局的注意力与人手从酒店引开。所以，恐怖分子只是与卡特尔周旋，而不提进一步要求。

卡特尔立即通知酒店的警卫赶紧把参议员转移到其他房间。果然，5分钟后，参议员原来所待的房间遭到了恐怖分子袭击。由于卡特尔的及时通知，所有人都安然无恙，而机场的炸弹也被卡特尔的部下逐一排除。

提出一个震惊众人的观点很容易，但证明其合理性就要复杂得多了，任何缺乏道理与依据的观点都是站不住脚的。想要其他人信服你的观点，就必须展现出强大的逻辑性。我们可以通过以下三个步骤来提高思维的逻辑性。

首先，提出观点时应当找准"已知前提"。

如前所述，"已知前提"就是推理的线索与论据。如果在这个环节发生错误，那么，无论你的推理如何严丝合缝，都不会得出正确的结论。若是"已知前提"本身不够明确，我们也无从进行有效论证。

其次，逻辑思考的方向应当具有唯一性。

我们常犯的一个错误，就是推理结论不具备唯一性。案件只有一个真相，正确的逻辑推理只会导向这个唯一真相。但许多人的观点可以这样解释，也可以那样解释，这就违背了逻辑思维的同一律，直接后果就是你推理出的结论与"已知前提"发生断裂。

最后，推理过程要能逻辑自洽。

所谓"逻辑自洽"，就是大家常说的"自圆其说"。逻辑推理是一个闭合的环，通过若干"已知前提"，顺着唯一符合条件的思考方向，形成一个严密的首尾衔接的观点。有些人的观点看似有道理，但顺着自身的逻辑来推理，却无法得到与之相同的结论，这就说明推理过程中存在逻辑漏洞。

4. 怎样有逻辑地归纳信息

当今社会，人才的竞争越来越激烈，并逐步迈向高智能化。越来越多的人意识到，仅仅掌握丰富的知识已经满足不了现在的竞争需求了，因为知识本身无法教授我们如何运用它们，或者怎样处理问题，更不会告诉我们如何创新。所以，所有的一切都要依靠人类自身的智慧——大脑思维能力来处理。

如果你对身边的人进行认真地观察，就会发现，那些取得一定成就的人，必然拥有十分卓越的思维能力，并擅长进行逻辑推理，能够对一些重要信息按照归纳逻辑的形式进行分析，得出有价值的线索为自己所用。

思维真的可以爆发出如此强大的力量吗？为何思维可以对人类产生如此重要的影响呢？20世纪30年代末，西方的一些发达国家组织众多生物学家对人类大脑思维展开了深入研究，希望通过这种方式探索出人类智慧的奥秘。

通过研究分析，他们得出了这样的结论：具有高度逻辑思维能力的人，更喜欢思考，并拥有远超其他人的创造能力，对信息的归纳更符合逻辑特点，因此归纳出的结论更接近事实真相，可以解决大部分难题。这使得他们掌握了更多有价值的信息，通过逻辑推理，归纳出哪些信息对自己有利、哪些信息对自己不利，以便做好防范和准备工作。因此，这种人大多在社会上如鱼得水。

叙古拉国王交给铸造师一块黄金，让对方打造一顶王冠。但王冠铸造出来后，国王用手掂量了一下，觉得比原来的金块轻了很多。因此，国王认为铸造师贪污了黄金，但铸造师以性命担保说自己没拿，并当着国王和众大臣的面对王冠进行了称量，结果显示王冠与金块质量相等。但国王还是不相信，只是他没有任何证据，无奈之下，他找到了阿基米德，让他来帮忙查明此事。

之后，阿基米德足不出户，整日在家冥思苦想，但一直没有任何头绪。

一天，他夫人给他放水洗澡，当阿基米德进入浴池时，里面的水溢了出来。这一下子激发了阿基米德的灵感，他立刻从浴池中跳了出来，没顾上穿衣服，就直接跑到大街上，并激动地喊着："优勒加！优勒加！"这句话的意思就是发现了。

原来，阿基米德通过浴池溢水想明白了王冠问题，并找出了解决方法：材料和质量相同的物品放在水中，溢出水的体积必然是一样的。同理，将王冠放入水中，溢出水的体积必然跟同等质量金块的体积是一样的，否则王冠必定是被做了手脚。

阿基米德见到国王后，让侍者端来一盆水，并找来相同质量的黄金和白银，分别放入盆中，发现放入白银时溢出的水比放入黄金时多出很多。然后，他又将王冠和同等质量的金块放入盆中，发现放入王冠时溢出的水要比放入金块时多出很多。因此，阿基米德断定，王冠被铸造师掺了假。最后，铸造师不得不低头认错，供出实情，他在铸造王冠时，往里面掺了一些廉价的白银。

阿基米德之所以能够解开王冠之谜，就是因为他懂得归纳逻辑，通过这种方法对一类事物进行归纳，找出了不同点，最终成功解决了王冠事件。

人们常说的逻辑思维能力，指的就是遵循逻辑规律，正确运用逻辑形式进行思维活动的能力。任何正常人从学习说话开始，就在不自觉地学习逻辑知识，所以，人们或多或少都具备一些逻辑思维能力。

有的人可以熟练掌握所学知识中的概念，能够根据自己掌握的知识对未知事物做出判断，并进行相关的逻辑推理，最主要的是可以从中发现一些错误，并及时修正。

学习形式逻辑后，人们便可以自觉运用逻辑知识，提高思维的正确性和敏捷性，进一步提升自己的学习效率。

第二次世界大战期间，美国国防部得到了一条重要情报：日本一支装有重要物资的船队将要驶往澳大利亚北部的新几内亚，航行路线极有可能是沿着太平洋新不列颠岛方向航行，横穿俾斯麦海，登陆澳大利亚。美国国防部发出命令，要求当时驻扎在西南太平洋的美国空军对日本这支舰队实施轰炸。

美国西南太平洋空军司令乔治·丘吉尔·肯尼将军对这片海域极为了解，从新不列颠岛到澳大利亚北部的新几内亚只有两条航线，但这两条航线相隔极远，一南一北，航行大概都需要三天时间。根据肯尼将军得到的天气预测情报：最近三天之内，北航线都是暴雨天气，而南航线则是晴朗天气。那么问题来了，美国航空编队要怎样做才能在最短时间内发现日本舰队，从而得到更多行动权力呢？肯尼将军就这一问题和他的参谋部进行了详细讨论，最终得出了这样的结论：南航线和北航线都有可能被日本舰队选为航行路线。因此，制订轰炸计划时要做两手准备。这样就会出现四种情况：

(1) 美国空军主力全力搜查北部，正好日本舰队走的也是北航线。这样，虽然北部是阴雨天气，能见度极低，但空军的搜索力量集中，就极有可能在一天之内发现日本舰队，争取到足够多的轰炸时间。

(2) 美国空军主力在北部，但日本舰队走的是南航线。虽然南部是晴朗天气，能见度高，可以高空搜索，但因为搜索力量不够，所以搜查到日本舰队的准确方位最少也需要一天时间，这样轰炸时间最多就只有两天。

（3）美国空军将搜索力量调往南航线，而日本舰队走的却是北航线。这样，北航线的搜索力量就会很小，再加上北部的阴雨天气，要搜寻到日本舰队的准确方位无疑要困难很多，两天时间都不一定能侦察出结果。因此，轰炸时间就大大缩短了。

（4）美国空军搜索力量集中在南部，正好日本舰队走的是南航线。这样，在天气晴朗的情况下，集合了美空军大部分力量的搜索联队必然可以在最短时间内发现日本舰队，并为战略轰炸争取到最多时间。

对于美国空军来说，第四种情况是最有利的，而第三种情况则是最糟糕的。为了保险起见，肯尼将军和他的参谋部又对日本指挥部可能做出的部署进行了逻辑推理，得出了这样的结论：指挥者都懂得趋利避害的道理，因此，日本军方必然会扬长避短，选择有利于他们的航行路线，而北航线最为合适。

由于肯尼将军运用逻辑思维对日军的航运路线做了精准分析，找到了最有利于自己的方案，最后在拦截、轰炸日本舰队的任务中大获全胜。

大量事实证明，个人的观察、分析、思考和战略制定等逻辑思维是否达标，是否经过系统训练，将决定他以后所能达到的高度。所以，一个人如果想要获得更好的生存环境，必须学会及时更新自己大脑的运转机制，改变思维模式，让自己的思维符合逻辑，这样才能成为一个更有竞争力的高素质人才。

5. 触类旁通，可以让结论更准确

类比推理是从两个或两类对象中找出共有的特殊点，反向推出它们其他共有的特性，也可以称作类推或类比。比如，17世纪七八十年代，著名物理学家惠更斯发现了光波动原理，并对光和声音进行了详细比较，发现它们有一些共性，都可以通过声音周期运动引起一定波动。由此，他正式提出了光波概念。惠更斯使用的推理方法就是逻辑类比法。

声音和光存在许多相同的属性，如都是直线传播，遇到阻挡都会出现反射或折射现象，都容易受到干扰等。由此推出：声音和光都具有波动性质。这就是类比推理。

实际上，类比推理还具有一定的概率。如果本来找出的共性就不多，而且共性与通过逻辑推理得出的属性基本没有任何联系，那这个推理结果就没有真实性，被人们称作机械类比。

18世纪50年代末，意大利首都罗马有一位非常有名的医生——奥恩德尔克。他声名远播，从鬼门关救回了许多病人。

一次，他为一位患者诊断病情，但经过仔细检查后却没有看出对方到底得的是什么病，因此，他只能让患者留院观察。可是，过了没几天，患者竟突然死亡了。这让奥恩德尔克大惑不解，于是他对尸体进行了解剖，发现该患者的胸腔严重化脓，胸腔中全是脓水。他认为是自己的失职导致了患者死亡，决定找出根治这种病症的方法。

一天，他看到经营酒业的父亲正在用手敲击装酒的坛子，根据不同声音判断酒坛中所盛酒的容量。看到这一幕，他的思路一下子豁然开朗——酒坛不就和人的胸腔一样吗？用敲击的方法是不是可以查出胸腔中是否有积水呢？

此后，奥恩德尔克便将这种设想带到了临床试验中。经过大量临床验证，他终于成功找出了胸腔疾病与敲击声音变化之间的关系，发明了"叩诊"这一著名的医学诊法。

人的思维能力总是会遇到或多或少的"卡壳"，会在意想不到的情况下发生一些突变，这就是我们通常说的思维障碍点。遇到这种情况时，你应该对自己的知识脉络进行疏导和清理，促使思维快速地适应当前情况，并抓住这样的机会，让思维能力得到高效发展。比如，在处理事情时，我们通常会将遇到的问题进行转化，运用一系列手段变化成类似以前遇到过的问题。那么在这一过程中，我们必须根据当时的具体情况对问题进行分析和归纳，通过逻辑推理在思维形式上做到具体与抽象的整合，实现求同存异，在一般规律中发现特殊规律。通过对思维方法的熟练和掌握，我们的逻辑思维能力必然可以得到质的提升。

楚汉之争，以西楚霸王项羽乌江自刎而结束。之后，刘邦建立了大汉王朝。

俗话说："打天下容易，守天下难。"争夺天下时，依靠的是武力与计谋，因此夺取天下用的都是谋臣将士。但得到天下之后，必然不能再按照这个套路来治理，不然，非乱套不可。刘邦统一天下后，同样面临这样的问题。

刘邦手下有位儒生，名叫陆贾，在刘邦打天下时就一直追随他直到汉朝建立。他曾经多次向刘邦讲儒治，但刘邦听不进去，甚至很反感。因为在刘邦眼里，天下是从马上得来的，所以他看不起儒生，甚至还在别人的儒服上撒过尿，面对儒生时就是一副无赖相。

刘邦灭掉西楚之后，大宴群臣，在酒宴上，众人都不尊礼法，大呼小叫。有的人喝醉了甚至破口大骂，掀桌摔椅，闹得整个大殿一片狼藉，完全一副市井之徒在酒馆喝完酒后撒泼耍赖的模样。这种场合下，没有人将刘邦当作皇帝看待，都十分随意，这让刘邦心里十分不痛快。

此时，陆贾又找上了刘邦，并为他讲述儒治的好处，但刘邦依然不为所动，还是以前那副口气："老子的天下都是从马上打下来的，用儒治干什么？"

陆贾又说："皇上的天下的确是从马上争来的，但也要在马上治理国家吗？"

听到这句话，刘邦立即清醒了过来。这时，陆贾立即拿前面几个朝代进行对比，进行细致分析："'武王伐纣'依靠的是武力，但在灭商之后，采取的是文治，因此开创了八百年基业；而秦一统天下之后，秦始皇也十分注重人才，却不注重人的德行，并做出了'焚书坑儒'等恶劣之事，秦朝一直穷兵黩武，对内实行残酷压迫，最终二世而亡，这就是活生生的教训。所以，皇上在夺取天下后，应该采用文治，重视臣子的德行，这样才能保障大汉王朝的长治久安。"

刘邦听取了陆贾的建议，注重德政，为汉朝后来的辉煌奠定了坚实的基础。

在这里，陆贾就是采用了类比推理，利用刚刚覆亡的秦做对比，让刘邦明白了文治的重要性。

世界上众多事物之间都存在着或大或小的差别，但同时也存在或多或少的联系。通过类比，有逻辑地进行归纳，并对已经掌握的知识进行区分，我们就能逐步构建起比较完整的知识脉络，并且发展出众多思维方法，从而使得自身的思维能力得到有效发展，在思维定式的攻克上占据一定优势。

此外，所有事物之间都拥有普遍性与特殊性。通过逻辑思维的具体感知，可以发现一般与特殊之间的联系，帮助自己建立具体有效分析问题的思维形式，培养自己的逻辑思维能力，在处理问题时更顺风顺水。

6. 因果逻辑，万事皆有因才有果吗

世间万物都存在普遍联系，因果联系只是其中的一个表现形式，而科学研究中很重要的一点就是找准事物之间的因果联系，因为只有抓住了事物之间的因果联系，才能认清事物出现以及发展的规律。

善于运用因果联系的人，往往能将自己的事情理得更清楚。只有将遇到的事情看清楚并分析透彻，才能在处理问题时更加得心应手。康熙皇帝在这方面做得就十分到位，他将自己的敌人分析得十分透彻，这其中不仅有仇恨，还有常人难以理解的感激。

清朝康熙皇帝在位六十年之际，为了庆祝这一盛事，特地举办了"千叟宴"，招待满汉两族的老人。

宴会上，康熙皇帝总共敬了三杯酒：首杯敬孝庄太皇太后，感谢多年来孝庄太皇太后对他的支持与疼爱；第二杯敬朝中大臣和天下的百姓，感谢他们为朝廷付出的一切，使得大清王朝江山永固，天下太平；随后，康熙皇帝又端起第三杯酒，说："这杯酒专门敬我曾经的

对手们，吴三桂、尚可喜、耿精忠、郑经、葛尔丹还有鳌拜。"说完一饮而尽，群臣完全被康熙皇帝的举动惊得目瞪口呆。

  康熙皇帝为什么会向自己的对手敬酒呢？因为他心里清楚，如果这些年没有这几位对手带给他压力，他不可能将天下治理得这样好。只有在和对手竞争的过程中，才能磨炼自己各方面的能力，让自己尽快强大起来。从这方面来讲，对手是你前进的动力，更是促使你快速走向成功的催化剂。

  这就是对因果逻辑推理的正确运用，如果没有那些对手，也许就不会有被后人推崇的康熙。正是那些对手，培养了康熙，磨炼了他，让他的功绩永载史册。

  有3个人应聘侦探事务所的侦探职位，所有科目都通过了，但在注意力考试环节却被卡住了。主考官发现他们的思维有些迟钝，但念在他们其他方面的优异表现上，主考官决定给他们一个机会，让他们接受特殊注意力方面的训练，如果在训练中有所改善，就直接录用；如果没有什么起色，则直接放弃。在训练之前，教练对他们进行了问话，以此来考察他们的思维灵敏度，如果他们表现非常差，那就不用训练了。接下来的情况，让教练感觉非常糟糕。

  为了测试他们在识人方面的灵敏度，教练取出一张照片让第一个应聘者看了10秒，然后立即用手盖住，并说："这是你要调查的嫌疑犯，你想通过什么手段进行识别？"

  这个家伙随口答道："这个很容易，我们想抓到他简直太简单了，他仅有一只眼睛，非常容易辨认。"

  教练说："噢，好吧，不过照片显示出来的只是侧面。"对这个好笑的回答教练感到很生气，但他还是拿着照片让第二个应聘者看了10

秒，再次问道："这是你要调查的嫌疑犯，你想通过什么手段进行识别呢？"

第二个应聘者看完照片后立刻笑着说道："哈哈哈！这还不容易吗？他仅有一只耳朵，我一眼就可以认出他。"

教练对他们两人的回答非常失望："你们两人是怎么回事？这是嫌疑犯的侧面照，当然只能看到一只眼睛和一只耳朵。这是你们的最后答案吗？"

虽然很失望，但教练还是把照片拿给第三个应聘者看，并有些不耐烦地问："这是你要调查的嫌疑犯，你想通过什么手段进行识别呢？"想到前面两人不假思索的回答，教练赶紧补充道："在说出答案前最好仔细想一想。"

那个家伙盯着照片十分认真地看了又看，最后十分笃定地说道："哦，我看出来了！嫌疑犯戴着隐形眼镜。"听到这个答案，教练非常震惊，因为他也不知道照片中的这个家伙到底戴没戴隐形眼镜。

"哦，这个答案还有点意思……你们稍等片刻，我出去一下，回来后告诉你们结果。"他出门后直接去了档案室，在电脑中搜索了一下这名嫌疑犯的详细资料，回来时脸上挂着非常满意的笑容。

"小伙子，干得不错！我都不敢相信！嫌疑犯真的戴着隐形眼镜。不过，你是通过什么手段得知的呢？"

"这还不简单。"那个人说道，"普通眼镜他是没办法佩戴的，因为他仅长了一只眼睛和一只耳朵。"

其实，这三人的回答中都表现出了因果逻辑推理方面的信息，只是前两人说的答案表现的因果关系比较低级。第三人说出的答案虽然同样错误，却表现出了因果关系上的高层次解读。

运用因果逻辑进行推理，一定不要仅停留在单一的因果层次上，必须从多个角度去研究事物发生的原因以及推出的结果。比如，分析事物之间不同因果联系产生的不同结论。通常情况下，我们在进行因果关系推理时，必须重视因果分析，需要注意的有以下几方面：

（1）分析主要原因和次要原因。很多情况下，一种结果的引发原因可能有很多种，这时我们必须分清其中的主次原因，准确抓住主要原因，通过引起结果的最基本因素来进行逻辑推理。

因果关系推理中的主要原因，通常情况下指的都是与论点联系最紧密的原因，它可能会根据不同论点的转变而形成相应变化。因此，我们应该依循原因与论点之间形成的各种有效联系，根据主要原因对结果进行论证，而针对次要原因，必须根据它们与论点之间形成的关系以及起到的作用，进行区别对待，对有作用的次要原因进行相关分析，没有具体作用的次要原因则一带而过。这样，就可以保证论证过程主次分明、点面结合、详略得当，在精练的推理中得出准确的结果。

（2）分析产生的原因。有些情况下，原因可以分为很多层次，有些现象在表面上看来是引发结果的原因，但其实不然，因为在它们背后还存在着引发它们的原因。对于拥有多个引发原因的结果，如果仅停留在某个单一层面上，将这一原因当作引发结果的最终因素，论点就会变得相对肤浅，并且很难将分析的问题理清楚，这样的因果逻辑推理得出的结果所拥有的说服力必然不大。所以，我们在遇到这种情况时，应该进行深究，不能"浅尝辄止"，必须以找出引发结果的最终原因为根本目的。通常情况下，能够轻易找出，并被大家熟知的原因，拥有的论证力都非常低；而越不易被发现的原因，越能表明事物存在的实质问题，其具备的说服力也就越高。

（3）分析因果关系的差异性。因果分析的根本目的就是为了分析因果的异同关系，属于辩证逻辑范畴提出的具体要求。不同原因得出相同结果在表面上看来没有什么关联，但用联系的眼光分析问题，随着研究的深入，就会发现在这些不同的背后有着某些共同之处，这样就可以避免受到事物表面现象的迷惑，直接深入事物本质。

相同原因得出不同结果也是事物之间常见的相互联系。原因相同，但因为条件不同，就可能产生不一样的结果。现实生活中存在很多此类现象，比如，同样的改革措施，对身处不同环境和生活条件下的人造成的影响就各不相同。在对因果关系进行论证时，有时必须对相同原因得出不同结果所存在的关系进行深入分析，这样才能保证论点足够深化。

不同事物互为因果，自身便具有辩证逻辑特点。不同事物可以在特定条件下相互转化，这种现象非常普遍。例如，在自然世界中，互为因果这种关系就普遍存在于不同事物中。而我们在分析这种关系时，必须明确提出不同事物之间存在这种联系，并且还需要标明在怎样的条件下才会产生因果的相互转化。

任何事物的产生与发展，必然存在着一定的因果关系。明确了这种因果关系，自然就弄清了内蕴的道理，从而清晰地分辨出是与非。

7. 认知逻辑悖论：哲学家的游戏

悖论是一种特殊的逻辑矛盾，在逻辑上可以推导出相互矛盾的结论，由一个命题的真可以推出它的假，由一个命题的假也可以推出它的真。由于逻辑悖论断定了一个推论既是真的又是假的，因而违反了矛盾律。一旦这个悖论存在或者被人提及，就找不到解决的答案，因为答案本身也会成为这个悖论中的矛盾所在。

"白马非马"的辩论发生在赵国境内马匹产生烈性传染病时期，各国为了防止瘟疫的入侵，纷纷下令全城戒严，禁止马匹入城。秦国也在函谷关口张贴告示，严禁赵国马匹进城。

一天，恰巧公孙龙骑着白马经过函谷关。

守城士兵说："你可以进城，但马匹要留在城外。"

公孙龙说："白马非马，为什么不能进城呢？"

守城士兵说："白马是马。"

公孙龙说："如果这样说，那我公孙龙就应该是龙了，但你看我是吗？"

守城士兵一愣，但依然坚持初衷："根据规定，但凡赵国马匹一律不得进城，因此不管白马或者黑马，都进不去。"

公孙龙笑着说道："'马'指的是动物的名称，而'白'则指的是颜色，名称和颜色根本就不是一回事。所以'白马'这个词，分开来说则是'白'与'马'或者'马'与'白'，这两个词的概念完全不同。比如，你找马贩直接说'买匹马'，那么他给你黄马、黑马都可以；但如果你说的是'买匹白马'，那么对方无论给你黑马还是黄马，就都不合适了。由此可见，'白马'和'马'根本就不是一回事！因此，'白马非马'。"

守城士兵越听越迷糊，直接被公孙龙的诡辩搞晕了，一时间竟然无言以对，最后只得让公孙龙骑白马进城。

实际上，"白马非马"属于逻辑悖论，这一命题在现实生活中根本就不可能成立。中国近代哲学家冯友兰在研究《白马论》时认为，公孙龙从三个方面对"白马非马"进行了论证：

第一，强调"马""白"的内涵不同。"马"的概念指的是动物，而"白"的概念则指的是颜色，两者内涵不同，因此，"白马非马"。

第二，强调"马""白马"的外延不同。"马"必然包括所有种类的马，不存在颜色上的差异，而"白马"则单指白马，存在颜色区别。两者外延不同，因此"白马非马"。

第三，强调"马"与"白马"的共性不同。"马"指的是所有马匹共同的本质属性，它并不是指颜色，仅是"马是马"的意思。而"白马"则单指白色的马匹。两者共性不同，因此"白马非马"。

学习逻辑学的人都知道，辩证法是在与诡辩论对抗的过程中发展起来的。黑格尔曾经这样表述："辩证法必须同单纯的诡辩论分割开来。诡辩本质是孤立地看待一切事物，将事物自身片面表象甚至是抽象内涵当作准则，并且认为这是正确的。"

从辩证法角度而言，"白马非马"这个命题抛弃了特殊与普遍的关系。白马属于特殊对象，指的是马匹的颜色；马属于普遍对象，不论马的颜色如何，归根结底都是马。公孙龙在"白马"与"马"之间进行了区分，但又将两者之间的差别绝对化了。虽然白马的颜色与其他马匹不同，比如公孙龙所说的黄马和黑马，但都是马。作为共性的"马"，必然包含了"白马"。因此，一般范畴的"马"自然包含颜色各异的马，公孙龙的白马也包含在内。

"白马非马"论遭到过诸子百家其他学派的猛烈抨击，但真正从根基上动摇这些悖论的，只有极少数大师级人物。因此，公孙龙虽然在辩论中失利，但名家学派直到秦汉之时才逐渐消亡。单纯以逻辑悖论为研究对象，既是名家的特色，也是其致命缺点。假如我们也沉溺于逻辑思辨而远离社会活动，那么，即便逻辑思维能力再强，也无济于事。

卡琳娜是一位律师，在当地颇有名气，很多人都慕名而来，跟她学习刑事诉讼课程。

一次，一位叫凯瑟琳的女孩找到她，并请求跟她学习刑事诉讼。

但这个小女孩提出了一个要求，那就是先付一半学费，另一半在凯瑟琳刑事诉讼课程结束，并在第一次官司中获胜时付清。凯瑟琳学完刑事诉讼课程后，长时间待在学校里，一直没有参加过案件诉讼，自然也就没有付清卡琳娜的另一半学费。

一天，卡琳娜终于忍不住了，向法院起诉了凯瑟琳，要求对方立即支付剩余的学费。她对凯瑟琳说："如果我赢了这场案件诉讼，那么根据法庭判决，你必须支付余下的学费；如果我失败了，那么自然就是你胜诉了，按照我们起初的约定，你第一次打赢官司时，应付清我余下的学费。因此，无论法庭判决谁输谁赢，你都应该付清欠我的学费。"

卡琳娜的论证可以划分为二难推理：如果最终我胜了，你就必须付清我其余的学费；如果最后我败了，你还是要付清我剩下的学费。总之，最后不论胜诉还是败诉，你都必须支付我余下的学费。

卡琳娜以为稳操胜券，不会再出现其他情况，因此十分得意。

不料，"名师出高徒"，凯瑟琳毫不示弱，她是这样回应的："我根本就不用支付余下的学费。因为，如果官司的胜者是我，那么根据法庭判决，最后我必然不会给你学费；如果官司的败者是我，那么我就更不用给你交学费了，因为在第一场官司中我输了，与我们以前所说的约定不符。总之，无论最后判决结果如何，我都不用再支付你余下的学费了。"

凯瑟琳的论证，正好也是一个二难推理：如果法庭判决我败诉，那么余下的学费不必再付；如果法庭判决我胜诉，那么余下的学费照样不必再付。无论最后结果如何，我都不用再付给你学费了。

在上述这个案例中，卡琳娜与凯瑟琳都巧妙地让对方陷入了一个进退两难的逻辑悖论，通过二难推理制造逻辑上的死循环，最终此事只能不了了之。

逻辑悖论最吸引人的地方，在于其独特的思辨性。我们都知道，逻辑悖论是由于对事物的认识不够全面深刻而产生的。但学海无涯，再博学多识的人也会有不懂的地方。任何人都可能在自己不熟悉的领域犯低级的逻辑错误。而擅长运用逻辑悖论的人，可以利用他人对某个事物认知的盲点为自己辩护。对方如果足智多谋的话，也会反过来揭穿其逻辑悖论中的谬误，或者以其人之道还治其人之身。

8. 识诡辩者是怎样歪曲逻辑的

古希腊哲学家苏格拉底曾提出过一个关于"洗澡的是邋遢人还是干净人"的问题，直观地描述了诡辩一词，让人在不知不觉中体会到诡辩的实质和内涵。

有一天，苏格拉底的学生问他："什么是诡辩？"

苏格拉底没有回答，却反问道："有一个干净的人和一个邋遢的人同时去拜访某人，这人烧了一大桶水请两人洗澡。你说，洗澡的会是哪一个？"

学生立即回答："那个邋遢的人。"

"错，"苏格拉底摇摇头，"洗澡的是爱干净的人，而那个邋遢的人不喜欢洗澡，所以才会邋遢。"

学生想了想，点头承认老师说得正确。而苏格拉底又摇摇头，说道："不对，洗澡的是那个邋遢的人，因为他需要洗澡。"

学生糊涂了，问老师："究竟谁该洗澡。"

苏格拉底答道："两个都洗了，爱干净的人喜欢干净，所以又洗了一次；而邋遢的人需要洗澡，所以也洗了澡。"

学生恍然大悟："我明白了，原来他们都洗了澡。"

苏格拉底叹了口气，说："你又错了。两人都没洗澡，干净的人不需要洗澡，而邋遢的人不愿意洗澡。"

这位学生终于愤怒了："我在问您什么叫诡辩，而您却一直在讲谁会洗澡，他们与我们有什么关系呢？"

"你看，"苏格拉底平静地说，"我不是已经告诉你诡辩是什么了吗？"

苏格拉底的"诡辩"让我们切切实实地懂得了思维的立体，以及将三个维度目标有机地融合在一起，不露痕迹，自然而成，谆谆教导，顺理成章，其意味深长，毋庸置疑。这也告诉我们，在解决各种各样的问题时，要敢于质疑，弄清楚问题的本质，千万不要就题论题，只依据自己的主观意识下判断。这才是逻辑头脑的重要特征。

每个人在日常生活中都少不了磕磕碰碰。如果遇上有学问、有气度的君子，我们可以与他友好切磋，以理服人。纵然逻辑思维能力不如对方，也能心服口服并从中获益。然而，一旦遇上那些没修养、坏心眼的诡辩论者，那就要小心他们用歪理邪说来讹诈你了。碰到这种情况时，一方面要准备好用法律的武器保护自己，另一方面则要善于运用逻辑思维的力量，让诡辩者自取其辱。

有一天，一位穷人找到阿凡提，哭丧着脸说："咱们的生活真是太不容易了！昨天我仅仅在巴依老爷（即财主）的饭馆门口站了一会儿，巴依老爷便让我付给他饭钱，理由是我闻了他饭馆中的菜香味，这算什么理由，我当然不干了。于是他就找到了喀孜（即宗教法官），告我偷窃他的劳动成果。喀孜决定在今天做出判决,你可以为我解决这场麻烦吗?"

"没问题,小事一桩。"阿凡提随口应了下来,并陪着穷人去见喀孜。

为了收到钱,巴依老爷很早就赶来了,正在和喀孜聊天。两人见到穷人后,都十分生气,喀孜还骂骂咧咧地说道:"真不要脸!你既然闻了香味,怎么能不付钱呢!赶快将钱结清,不然有你好受的。"

"慢着,喀孜!"阿凡提站到了穷人身前,行礼后说道,"他是我弟弟,他身上已经没有任何钱财了,我替他出了这饭钱得了。"

阿凡提走到巴依老爷跟前,从腰里拿出装钱的布袋,放在巴依老爷耳朵边晃了晃,"哗啦啦"响了几声之后,直接问巴依老爷:"巴依老爷,你可听到了钱袋里钱币撞击的声音?"

"啊?哦,听到了,听到了!"巴依老爷高兴地说道,以为阿凡提要付钱给他。

"这样就好办了,穷人闻了你的菜香,而你听了我钱袋中钱币撞击的声音,那就互不相欠了。"

说完,阿凡提便带着穷人走了。

闻了饭菜的香味就等于吃了饭菜,所以需要付钱,这完全是巴依老爷敲诈穷人运用的诡辩术。诡辩手法就是将饭菜与饭菜的香味混为一谈,直接将"闻"和"吃"混为一谈,进行概念偷换。

阿凡提并没有辩解事物与自身属性以及"闻"和"吃"之间的不同点,而是直接"以其人之道还治其人之身",让对方听自己钱袋里钱响的声音,然后说付清了对方的饭钱,互不相欠。这其实也是诡辩,是在"以毒攻毒"。既然你认定别人闻了饭菜香就是吃了你的饭菜,那你也不能否认听到钱响就等于拿到别人付的饭钱了。这便十分巧妙地进行了还击,成功揭穿了对方的诡辩术,让其无言以对。

诡辩术最常见的思路就是在"概念"上做手脚。比如，在说话时把一个概念悄悄置换为另一个概念，不恰当地扩大或缩小一个概念的内涵或外延。还有一种情况是，把两个相似概念的内涵与外延杂糅在一起。

"饭菜的香味"与"饭菜"明明是两个概念，闻到"饭菜的香味"与把"饭菜"吃进肚子里完全是两码事。"饭菜的香味"会随着空气传播到饭店之外，让许多人都闻到，可是这并不等于所有闻到香味的人都吃了饭店的饭菜。所以，他们不用付饭钱，只有真正把饭菜吃下去的顾客才需要付饭钱。

但巴依老爷突发奇想，通过偷换概念把附属于"饭菜"的"香味"视为"饭菜"不可分割的一部分，使之具有了商品属性。

阿凡提的巧妙之处在于没有直接用逻辑思维正面反驳。由于持诡辩论的骗子通常很狡诈，人品也不好，所以一本正经地指出其逻辑上的漏洞，未必能让其无从反驳。而且，对于不明就里的旁观者，刻板地用逻辑学知识揭穿诡辩，既沉闷又不容易理解。这样一来，他们就不容易认清楚巴依老爷的问题出在哪里。

"钱币的声音"与"钱币"是两个完全不同的概念，听到"钱币的声音"不代表收到了"钱币"。阿凡提的诡辩与巴依老爷的诡辩是同一种思路。在这个大前提下，如果阿凡提的命题不成立，巴依老爷的命题同样不成立。所以，巴依老爷陷入了两难困境：如果肯定阿凡提的言论，那么自己听了"钱币的声音"就等于拿到了钱，对方不必支付真金白银；如果否定了阿凡提的言论，那么自己的诡辩也会站不住脚。所以，巴依老爷只能认栽。

第二章

语言逻辑——
如何提升说服力

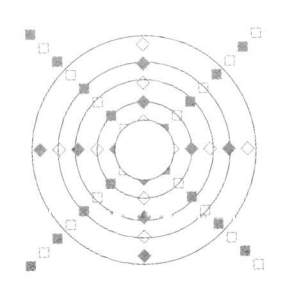

1. 聪明的回答者都是逻辑高手

在人际交往中，想要做到对答如流，可不是一件简单的事情。因为这要满足两个条件：第一，快速反应，答得出来；第二，彰显智慧，答得精彩。生活中，面对别人突然的发问或发难，人们往往会思维停滞，不知道该如何作答。有些人即便能够快速作答，也不一定能答得到位、答得精彩，这就难免会让自己陷入难堪的境地。然而，在逻辑高手那里，对答如流则是一件轻而易举的事情。

英国作家萧伯纳有一天碰到一位女士，该女士对他说："您是最令我折服的作家，为了表达我对您的敬仰，我打算用您的名字来命名我家的小狮子，不知您意下如何？"

萧伯纳说："亲爱的女士，我对你的打算颇为赞同，不过，最主要的一点是，你务必要和你的小狮子商量一下。"

还有一次，一位美貌风流的女演员向萧伯纳求婚，她说不嫌弃萧伯纳年迈丑陋，因为他是个天才，假如超人的天才能和美貌的女郎结合，那该是多么和谐，生出来的孩子一定是既有天才的智慧，又有美丽的外貌，会是十全十美的。

萧伯纳对女演员说："你的想象很美妙，可是我担心，假如生下的孩子相貌像我，智慧又像你，那又该怎样呢？"通过这个回答，萧伯纳既巧妙地回绝了对方，又反讥了女演员的愚蠢。

萧伯纳在回答那位打算用他的名字命名小狮子的女士时，采取了转移话题的办法，对方问他意下如何，他却表示"你应该和小狮子商量一下"。小狮子不会说话，无论主人与它怎么商量，也不会商量出一个结果来。通过这个回答，萧伯纳很好地表达了委婉的拒绝之意，这样可以避免直接拒绝引起别人不快。

在回答向他求婚的女士时，萧伯纳采取了假设推理的办法，跳出了那位女士幻想的"相貌像我，智慧像你"的逻辑圈，提出了另一种"相貌像我，智慧像你"的假设，有力地驳斥了对方的愚蠢可笑，对讥讽他相貌的女士予以不留情面的回击，很好地维护了自己的尊严。

转移话题是逻辑高手回答问题时的常用手段，这样可以让自己由被动回答者变成主动提问者，从而掌控谈话的主动权。

丹麦童话作家安徒生就擅用此道。他一生俭朴，经常戴着破旧的帽子在街上溜达。有一次，一个家伙嘲笑他："你脑袋上边的破玩意儿是什么东西？能算顶帽子吗？"安徒生毫不留情地回敬道："你帽子底下那个玩意儿算什么东西，能算个脑袋吗？"

面对别人的嘲讽和提问，大部分人可能都会思考"如何回答脑袋上的帽子算什么，算不算帽子"，但聪明的安徒生巧妙地转移了话题，并且按照提问者的问句去类比，将话题转移到了脑袋上，将问题丢给提问者。这种巧妙的反问犹如一支利箭，直插对方的咽喉，让对方顿时感受到钻心的疼痛，却无法回答。

看了上述案例，我们发现：萧伯纳和安徒生在面对他人的发难、讥讽和侮辱时，能够做到快速而有智慧地反击，绝不让别人在自己身上占到半点便宜。在这种勇敢与智慧并存的表现背后，让人惊叹的是他们的逻辑思维能力。他们能够在短短的时间内灵活地运用类比、假设推理、转移话题等逻辑形式，确实令人佩服。

切尔·威廉是一位才华横溢的年轻人，从哈佛大学毕业以后，他一直在加利福尼亚经商。几年后，他将工作重心投向政界，并准备竞选州参议员。由于威廉本身极有资历，再加上经商期间一直热心公益，所以在竞选中有着极大的优势。

但此时，竞争对手们也开始在暗地里进行操作，期望以此来降低威廉的信誉度。很快，一个极小但极有影响力的谣言便渐渐地在选民中散开了，谣言的内容很简单，说威廉在毕业后到某个学校担任过一段时间的老师，并在此期间与一位年轻的有夫之妇有暧昧关系。对手的意图非常简单，就是一旦谣言传播开来，人们便会质疑威廉的生活作风问题，威廉必然会因受到凭空的诬蔑而怒不可遏，进而迫不及待地想要站出来为自己的清白进行辩护，如此一来，人们便会对此事抱有更大的怀疑。

刚开始的时候，威廉的确上钩了，他气急败坏，并一度想要召开新闻发布会，为自己辩解，还准备对那些谣言传播者进行严厉的谴责。有那么一段时间，他完全失去了自己本来的风度。

幸而，在威廉准备采取行动时，他的大学导师听说了此事，并及时给他打电话说："若你没有做，你根本不需要理会。你为什么要让别人的舌头来左右你的人生？"导师的话让威廉迅速冷静了下来。在随后的几天时间里，他一直保持着轻松的心态，若无其事地参加各种派对，与同事和选民们谈笑风生，对谣言之事绝口不提。这下，谣言制造者们开始着急了，他们不知道威廉的葫芦里到底卖的什么药。

很快，选举的日子到了。面对广大选民，竞争对手当众将谣言搬出，指责威廉缺乏基本的道德观念，根本没有资格担任人民的代表。对方先发制人，威廉却只是风趣地回应道："不知道是谁走漏了风声。只不过那位女士那时并未成婚，还是单身，我为了追到她可吃了不少苦头！如今，她早已是有夫之妇了，而且她的丈夫正在对着你们说话。我不得不承认，现在的记者真的很厉害！"

威廉幽默的话语使他轻轻松松渡过了危机，在随后的竞选中，他毫无悬念地赢得了最高票数，成功地进入了参议院。

面对别人的恶意中伤，威廉聪明地给予了反击，而且，他调侃的语气不仅制造了幽默的气氛，与对方的咄咄逼人相比，更表现出了他的友善和风度，实在是技高一筹。

2. 成功说服，逻辑是重点

生活中，有些人能说会道，但由于不讲逻辑，冷不丁就会闹出笑话，说的话自然也是驴唇不对马嘴，难以取得别人的认同。

有一户人家非常贫穷，经常吃了上顿没下顿。一天，丈夫捡到了一个鸡蛋，他欣喜若狂地跑回家，兴冲冲地对妻子说："我们有家当了！我们有家当了！"

妻子见他如此兴奋，连忙问道："家当在哪里？"

丈夫便拿出鸡蛋在妻子眼前晃了晃，骄傲地说："这就是。"

接着，他便扳起了手指，给妻子计算起来："你看吧，我拿这个鸡蛋，去借邻居的母鸡孵化出一个小鸡回来，等它长大以后，每个月就可以下15个鸡蛋，然后再孵出很多小鸡，鸡再生蛋，蛋再孵鸡。不久，我们就可以得到300只鸡，这样就能卖到10两黄金了。到时再用10两黄金去买5头牛，很快就能养到150头，这样的话就可以卖到300两黄金。我用这些黄金放债，不出5年，连本带利，就能得到500两黄金。这么多的黄金，我就用其中的三分之二去买房置地，再用三分之一去买奴婢，还能娶个小老婆。这样，我们就能够过上神仙般的日子了。"

然而，妻子一听到他说要娶小老婆，顿时火冒三丈，一拳就把鸡蛋打碎了。

丈夫看到鸡蛋被打碎后，怒火中烧的他，把妻子狠狠地揍了一顿，然后又把她送到了官府，并向县官告状说："就是这个恶妇把我所有的家当都毁了。"

县官问道："你的家当在哪里呢？"丈夫就把刚才那一番美好的长篇宏论又讲了一遍。

县官听了，也附和道："这么大的家当就被恶妇一拳打掉了，实在是罪不可恕。"于是就宣判对他的妻子实行烹刑。随即就命人支起大锅，要把这个"恶妇"给煮掉。

妻子这时大声叫道："他所说的那些家当根本就是不存在的事，你这县官怎么也这样糊涂，要这么不公地判处我烹刑。"

县官这时便问她："你丈夫说要娶小老婆的事不也一样是根本不存在的事吗？你怎么就妒忌了呢？"

妻子顿时哑口无言，却还是十分生气。县官最后就劝了她几句，并叮嘱夫妻俩回家后都好好思考思考。

在这里，这个丈夫所说的可以用一个鸡蛋得到500两黄金只是一种可能性，这看似一个很完美的设想，但它成功的概率很渺茫。丈夫不仅忽悠了自己，还企图把妻子置于死地，简直荒谬可笑到极点。

逻辑是一个很有趣的东西，也是一个很微妙的东西，它是有心人、爱思考的人洞悉别人观点中的问题的工具。学会用逻辑思维去看问题，生活就会减少很多欺骗和不理智，不至于轻易被别人忽悠，做出不理智的事情。换句话说，有了逻辑，生活就有了秩序，不再混沌，不再盲目；有了逻辑，言论就有了说服力，你的言行就会充满影响力，一个人有了影响力，他说出的话就会有分量，别人就愿意听他的。

西汉初年，刘邦打败项羽，平定天下之后，开始论功行赏。他认为萧何功劳最大，就封萧何为侯，封地也最多。但群臣心中不服，私下议论纷纷。许多人都说："平阳侯曹参身受七十处伤，而且率兵攻城略地，屡战屡胜，功劳最多，他应当排第一。"

刘邦在封赏时已经偏袒了萧何，委屈了一些功臣，所以，在位次上难以再坚持己见，但他还是想将萧何排在首位。这时候，关内侯鄂君已猜出刘邦的心意，于是上前说道："大家的评议都错了！曹参虽然有战功，但都只是一时之功。皇上与楚王对抗五年，时常丢掉部队，四处逃避，萧何常常从关中派员弥补战线上的漏洞。楚汉在荥阳对抗好几年，军中缺粮，也都是萧何从关中辗转运来粮食，粮饷才不至于匮乏。再说，皇上有好几次避走山东，都是靠萧何保全关中，才能顺利接济皇上，这些才是万世之功。如今，即使少了一百个曹参，对汉室有什么影响？汉室也不必靠他来保全啊，你们又凭什么认为一时之功高过万世之功呢？所以，我主张萧何第一，曹参居次。"

这番话说得有理有据，其他人无法反驳。刘邦听了，自然高兴无比，连连称好，于是下令萧何排在首位，可以带剑上殿，上朝时也不必急行。而鄂君因此也被加封为安平侯，得到的封地多了将近一倍。

在这个故事里，鄂君的话之所以让人无法反驳，就在于他的话逻辑严密，论据充足，环环相扣，让人找不出理由来反驳。由此可见，要想说服别人，重点是你的话要有逻辑性、有道理。

可以说，要想把话说好，逻辑是王道；要想说服别人，逻辑是王道；要想提升个人的影响力，逻辑依然是王道。

3. 黑白颠倒，让意味更加深长

生活中，你会遇到不同的人和事，只要充分调动你的思维，便既能让你的聪明才智得到发挥，又能让你的目标得以实现。那么，具体该怎么做呢？不妨学学下面故事中的这位老人。

有个美国烟商到法国做生意。一天，他在巴黎的街头大谈抽烟的好处，突然，人群中一个老人径直走上前，大声说道："女士们、先生们，对于抽烟的好处，除了这位先生讲的以外，还有三个！"

美国商人一听是在替自己宣传，就连忙向老人道谢："谢谢您了，先生，看您相貌不凡，肯定是位学识渊博的老人，请您把抽烟的另外三大好处给大家讲讲吧。"

老人微微一笑，说道："第一，抽烟的人不怕狗咬。"台下一片轰动，商人暗暗高兴。

"第二，小偷不敢去抽烟者家里偷东西。"台下连连称奇，这下，商人更加高兴了。

"第三，抽烟者永远年轻。"台下听众惊作一团，商人更加喜不自禁，请老人做进一步解释。

老人开口说道："第一，抽烟人驼背的多，狗一见到他以为是在弯腰捡石头打它，能不害怕吗？"台下笑出了声，商人吓了一跳。"第二，抽烟的人夜里爱咳嗽，小偷以为他没睡着，所以不敢去'光顾'。"台下一阵大笑，商人大汗直冒。"第三，抽烟多的人容易出现各种疾病，去世得早，所以永远年轻。"台下哄堂大笑。此时，大家一看，商人已不见了踪影。

这位老人的话语一波三折，层层推进，一步一步把听众的思维引向迷惑不解的境地，当把听众的胃口吊得足够"馋"的时候，才不紧不慢地表达出自己真正的意思，真是妙哉！妙哉！

"反话正说"这一表达方式，运用的是逻辑推理中的归谬法来组织语言的。在对方有抵触情绪时，正面说理，他听不进去，换成反面的说法，往往可以奏效。

战国时期，楚庄王有一匹马，他把这匹马看得比人都重要。他给马披上锦缎，养在华丽的房舍里，还给马铺床垫，并用枣脯喂养这匹马。可是，也许是因为马吃得太好了，不久就患病死了。楚庄王非常难过，不仅准备给马做棺材，还要用安葬大夫的礼仪来安葬马，并下令让全体大臣给马戴孝。

对于楚庄王的这种荒唐做法，群臣一致反对，纷纷上书劝谏楚庄王。楚庄王不但不听劝谏，还下令说："谁再敢劝我，格杀勿论。"

慑于楚庄王的淫威，群臣们不敢再进谏。优孟听说此事之后，马上来到殿前仰天大哭。楚庄王见他哭得这么伤心，就问他为什么哭。优孟说："这死去的马是大王最疼爱的，楚国是堂堂大国，用安葬大夫的礼仪安葬它，给它的待遇太薄了，一定要用安葬国君的礼仪来安葬它。"

乍听之下，楚庄王觉得优孟不是来拼死劝谏的，而是来支持他的，不觉得心头一喜，高兴地问："照你看来，应该怎样举行这个葬礼才好呢？"

优孟清了清嗓子，慢吞吞地说："依我看来，要用雕工精细的石头做棺材，用耐朽的樟木做外椁，用上等木材围护棺椁，派士兵挖掘墓穴，命男女老少都去挑土修墓，还要让齐王、赵王陪祭在前面，让韩王、魏王护卫在后面，还要给马建一座寺庙，封它万户城邑，每年

41

把税收拿来作为祭马的费用。"

说到这里，优孟话锋一转："这样，诸侯听到大王对死马如此厚葬，就都知道大王以人为贱而以马为贵了。"

听到这里，楚庄王意识到作为一个统治者不能让人觉得他重马轻人，否则，必然会被世人厌弃。意识到问题的严重性之后，他马上说："寡人葬马的错误竟到了这么严重的地步吗？那么该怎么办才好呢？"

优孟说："请让我用葬六畜的办法来为大王葬马吧：用土灶做外椁，用大锅做棺材，用姜冬做调料，用木兰除腥味，用禾秆做祭品，用火光做衣服，把它葬在人的肚肠里。"最后楚庄王听从了优孟的劝谏，派人把死去的马交给御厨处理。

在这里，优孟采取的说话技巧就是"正话反说"。他没有直接说出自己的意思，而是从相反的方向表达支持和鼓励，最后才调转话锋，表达了自己的反对意见，让楚庄王意识到问题的严重性，最后接受了他的劝谏。

从逻辑的角度来看，优孟的说服方式叫反证法，即不从正面证明自己的观点是对的，而是从反面去证明别人观点的荒唐，让别人去领悟，从而接受你的观点。在特定的情况下，采用反证法的逻辑推理，会收到意想不到的效果。

日常交谈中，有些话题不能直接说，有些人不能直接劝，这个时候就需要把你的真实观点隐藏起来，或把你观点上的"棱角"打磨掉，或从相反的角度去表达，使你的观点不那么刺耳，便于听者接受，这样才有可能顺利达到劝服的目的。

西汉时期，萧何用计除掉韩信之后，又把韩信的谋士蒯通抓了起来，要他当众供认自己与韩信谋反的罪状，否则，就将他丢到油锅里。

蒯通非常聪明，他没有正面为自己和韩信做无罪辩护，而是从反面述说韩信的十大"罪状"，但实际上，这十大"罪状"恰恰是韩信的十大功劳。接着，他又故意说韩信有"三愚"：

一愚：韩信收燕赵、破三齐，有精兵40万，恁时不反，如今乃反。

二愚：汉王驾出成皋，韩信在修武，统大将200余员、雄兵80万，恁时不反，如今乃反。

三愚：韩信九里山前大会战，兵员百万，皆归其掌握，恁时不反，如今乃反。

蒯通故意说韩信有"十罪"和"三愚"，实际上是反证韩信一贯忠于汉室，未曾有谋反之意。如果他真有谋反之意，凭借他的智慧，他早就反了，何必等到汉室建立之后再谋反，那不是傻子才做的事吗？通过正话反说，蒯通赢得了群臣的同情，使萧何找不出任何理由处死他。

正话反说是一种有效的说服技巧，它不从正面作答或阐述，而是另辟蹊径，从反面说，以达到正话反说的目的。这样可以很好地避免正面的观点冲突，避免引起不必要的激烈争辩，既合情又合理，达到出奇制胜、不战而屈人之兵的效果。

4. 换汤不换药，做个会说话的人

只要有一点常识的人都知道，"1+2"等于3，"2+1"同样等于3，"1+1+1"还是等于3。假如用逻辑分析这个数学问题，我们可以将"3"视为目的，将"1+2""2+1""1+1+1"视为达到目的的不同手段。

如果是说话，那么我们可以将"3"视为你最终想要表达的意思，将"1+2""2+1""1+1+1"视为不同的说法。这就是说，同样的意思，可以用不同的方式说出来。只不过有时候，用错误的方式说出来无法达到你想要的目的。因此，在说话之前，不妨用逻辑的思维反推一下：如果我用这种方式说话，会达到目的吗？如果答案是否定的，那就赶紧换一种对自己有利的方式去沟通。

萧何是刘邦打江山的得力帮手，也是帮刘邦治理天下的卓越功臣。因此，他被刘邦特赐"带剑履上殿，入朝不趋"之权。其实，萧何不仅管理能力出众，口才更是一流。

在刘邦还未登上皇位的时候，萧何就开始张罗着大兴土木，为刘邦建造未央宫。刘邦觉得太过奢华，看不下去，就怒斥萧何："天下未定，连年战乱，现在成败都不知道，你怎么能建如此豪华的宫殿？太过分了！"

萧何没有被刘邦的呵斥吓倒，他先是伏地请罪，然后从容地说："正因为天下未定，才需要建造皇宫休息啊！天子以四海为家，皇宫不壮丽，怎么能体现天子的威仪？再说，这也不是奢华，而是要给天下人定一个标准，让后来者不能超过这个标准。"

听了萧何的话，刘邦点头称是，便不再说什么了。

乍一听萧何的话，会觉得修建皇宫根本就不是奢侈浪费、逢迎拍马，而是忧国忧民。但稍一分析，便可看出萧何修建皇宫还是奢侈浪费。为什么这么说呢？因为萧何已经承认了，他说："这是要给天下人定一个标准，让后来者不能超过这个标准。"后来者都不能超过这个标准，可见这个标准有多高，这不是奢侈是什么？

萧何的聪明就在于，同样的意思，他懂得换一种更动听的说法，让刘邦听着心里舒服，然后心安理得地享受他为其建造的奢华皇宫。这就是我们常说的"换汤不换药"。"换汤不换药"之后，别人愿意喝你熬的药，是因为你在药汤里加了一些美味的佐料，这个佐料就类似萧何那动听的说法。

史料记载，五代的后唐庄宗李存勖是一介武夫出身，嗜好田猎。有一次，他巡游狩猎，庞大的队伍行进树林时，吓到了一只兔子。李存勖一见大喜，立刻驱马去追兔子。

后面的侍卫队一看，也急忙拥簇奔驰，跟了过去。

眼见就要追上了，李存勖忙搭箭射去，原可以射中的，谁知那兔子却像背后有眼一般，突然一拐弯，从荒岭上直向麦田深处窜去。

李存勖见兔子突然拐弯逃开，哪肯罢休，拍马向麦田驰去。侍卫队怕他有闪失，大批人马也跟了过去。顿时，黄熟的麦田被马蹄踏了个稀巴烂。然而，那兔子越逃越有劲，死命地往麦田里钻。李存勖等人紧追不舍，即将可以采收的一片麦田就这样糟蹋在了众多马匹的铁蹄下。

这时，地方县令勘察民情，刚好经过这里，老远见有马队在麦田里驰驱践踏，还以为是哪个富家子弟在撒野，不由得心中怒火升起，拔腿就抄近路截了过去，抓住李存勖的马头。

李存勖追得正在兴头上，突然被人截住，不由得勃然大怒，大喝一声。

这时，县令一见这马饰和骑马者的华胴服装，才知是皇上，心想闯了大祸，吓得冷汗直流。

李存勖再看那只兔子，早已跑得无影无踪，自己追了半天等于白费了劲儿，怒从心起，喝令左右将县令推下去斩首。

这时，侍卫队中站出了一个人，大家一看是伶官敬新磨，就知道有好戏看了。原来，李存勖不但好打猎，也爱听戏、唱戏，无论在宫中还是在宫外，都让资深伶官跟在身边，抽空给他唱戏解闷取乐。敬新磨不但戏唱得好，而且语言诙谐，有智有勇，常常用开玩笑的方式规谏庄宗。

这时，只见他来到李存勖前，高声说："慢杀！皇上，让我把他的罪状数落一遍，让他死得心服口服！"

李存勖知道他又要搞笑，转怒为笑，说："好吧！帮我教训一下那个不懂事的老匹夫！"

敬新磨说："遵命。"

说完，敬新磨来到县令面前，大喝道："你有死罪，知道吗？你难道不知道咱们皇上爱好打猎？为什么还让老百姓种庄稼交国粮呢？你为什么不让老百姓饿着肚皮，空出地来让咱们皇上打猎用呢？你真是该死！"

众人大笑，在场的其他伶人也跟着起哄。

李存勖听出了敬新磨的话中有深意，于是笑了笑，对县令挥手说："你走吧！"

就这样，县令捡回了一条命，叩头谢恩而去。

从此以后，再也没有人看轻这位伶人，甚至为他的急智反应拍手叫好。

试想一下，皇上正在气头上，如果此时跑出一个铁口直言的魏徵，像刀子一样直接谏言，只会多一个人获罪。然而，敬新磨懂得把谏言包装在搞笑内容中，他人乍听听不出什么玄机，等于给皇上找了个台阶下。

这个故事告诉我们，同样一件事，说话的意思也相同，但用不同的说话技巧去表达，换来的结果是完全不同的。所以，我们要善于转变说话方式，用别人更乐于接受的方式表达我们的观点，这样才能达到求人办事的目的，才能成为受欢迎的人。

5. 跳出对方的逻辑包围圈

安徒生是丹麦著名的童话作家，《皇帝的新装》便是他的代表作之一。我们再来回顾一下这个故事，思考一下它能够给我们的生活带来哪些有益的启示。

从前有一位皇帝，他非常喜欢穿好看的新衣服。有一天，来了两个自称是织工的骗子，他们说能织出谁也想象不到的最美丽的布，这种布的色彩和图案不仅非常好看，而且用它制作出来的衣服还有一种奇异的作用，那就是凡是不称职的人或者愚蠢的人都看不见这衣服。皇帝听后非常高兴，于是传令下去让两人赶紧开工。

两个骗子在织机旁煞有介事地忙碌着，皇帝派他的宠臣去查看工作的进度，但眼前的景象让他们惊呆了，因为他们什么都看不见。他们想，如果说自己什么都看不见，无异于向他人宣告自己的愚蠢与不称职，好在其他人不知道自己看不见。于是，他们装作看见的样子，称赞布是多么多么漂亮。当骗子向他们描述衣服的色彩和图案时，他们也点头称是。回去后，他们将骗子的话汇报给皇帝。皇帝亲自来看衣服制作的进度，他也同样被眼前的情景惊呆了，因为他也什么都没看见。皇帝也怀疑自己是愚蠢的人，但他想，千万不能让别人知道我看不见衣服，千万不能让我的臣民知道我是愚蠢的人。于是，他也同样夸赞起衣服来。

当骗子把衣服织好后，他们让皇帝把身上的衣服统统脱光，然后装作把他们刚才织好的新衣服一件一件地给他穿上。皇帝在镜子面前转了转身子，扭了扭腰肢。"上帝，这衣服多么合身啊！式样裁得多么好看啊!"大家都说,"多么美的花纹!多么美的色彩!这真是一套贵重的衣服!""大家已经在外面把华盖准备好了,只等陛下一出去,就可撑起来去游行!"典礼官说。

于是,皇帝就这么走了出去,站在街道两旁的人都说:"天哪,陛下的新装真是漂亮!他上衣下面的后裾是多么美丽!衣服多么合身!"谁也不愿意让人知道自己看不见衣服,因为这样会暴露自己的不称职或愚蠢。

"可是他什么衣服也没有穿呀!"突然,一个小孩子叫出声来。"上帝哟,你听这个天真的声音!"小孩的爸爸说。于是,大家把这个孩子讲的话低声传播开来。"他并没有穿什么衣服!有一个小孩子说他并没有穿什么衣服呀!""确实是没有穿什么衣服呀!"最后,所有的老百姓都这样说。

在这个童话故事中,骗子们编织的新装并不存在,其实每个人都看到了这个事实,也就是说,"皇帝什么都没穿"是每个人都知道的。但是,每个人都不知道其他人是否知道这个事实。同时,他们知道,只要自己不说,其他人就不会知道自己知道这个事实。也就是说,"皇帝什么都没穿"不是皇帝、大臣及老百姓之间的"公共知识"。

这里有一个虚假前提,即"如果我没看见皇帝的新衣服,就意味着我是愚蠢的"。因此,每个人都尽量不让其他人知道自己没看见皇帝的新装。此时,每一个人,包括皇帝,都在说假话,这就是一个均衡,一个大家都"说谎的均衡"。然而,当"可是他什么衣服也没穿呀"这句话从小孩嘴里说出,传到其他人那里时,"其实皇帝什么也没穿"便成了"公共知识",原来"说谎的均衡"被打破了,人们也因此回到了现实。

大学生孙晓然有一次在商场购物，获得了一次抽奖机会。她刮开刮刮卡，发现自己中了三等奖，奖项是"免费拍两张艺术照"。孙晓然兴奋不已，按照刮刮卡上的信息，直奔商场五楼的摄影中心。

在工作人员的热情服务下，孙晓然先是挑选了自己喜欢的背景图案，然后按照摄影师的指示，站在背景图案前面做出各种表情。拍摄过后，孙晓然坐在电脑前面，又耐心地挑选了自己最喜欢的两张照片，要求工作人员做技术处理。就这样，半个小时过去了。

当工作人员按照孙晓然的要求处理好照片后，孙晓然问工作人员什么时候可以取照片。工作人员说："现在就可以取照片，你想取照片吗？"

孙晓然有点生气地说："当然，不然我拍什么艺术照啊？"

"如果你想取照片，就要先打印，打印要收10元一张的打印费。"

"什么？你们不是说可以免费吗？怎么收费了？"孙晓然迷惑不解。

"我们说的免费是指免费帮你拍照，打印需要收费，像这种彩色照片很费油墨的，我们总得收点成本费吧？"

听了工作人员的话，孙晓然十分扫兴，可是忙活了这么长时间，不能白忙，于是只好掏出20元打印了两张照片。

待照片打印出来后，孙晓然发现只是一张薄薄的复印纸，必须两面加膜才能保存。工作人员说："加膜还要再收费，一张膜5元。"

20元都出了，孙晓然也只好硬着头皮再交10元，当她拿着花了30元的"免费"艺术照走出商场时，内心懊悔不已，因为她不仅耽误了时间，还花了钱，而且拍的两张照片质量很差。

孙晓然之所以上当受骗，除了她有贪便宜的心理之外，还与她不善于进行逻辑思考有关。面对"免费拍两张艺术照"的诱惑，她完全失去了自我控制能力，一头跌进了商家设计好的逻辑圈套，然后顺着对方的圈套，一步步被引入最终的"骗局"。

事实上，只要孙晓然当时冷静地思考一下，在拍照之前问对方几个问题，比如："你们说免费拍两张艺术照，是从拍照到领取照片，整个过程都免费吗？""是全部免费吗？需要支付什么费用吗？"面对这样的提问，商家不可能说"不需要支付任何费用"，否则，他们后面怎么向孙晓然收费呢？

刮刮卡上明明显示中了三等奖，奖项就是免费拍两张艺术照，为什么还要问清楚呢？因为"免费拍两张艺术照"，这是一句概念模糊的话，按常人的理解，拍两张艺术照，就是指拍照并打印照片这一全过程，也就是说，从拍照到拿到照片，都是免费的。但从字面意思来理解，拍两张艺术照的意思是只拍照，不包括打印照片。所以，在没有搞清楚之前，孙晓然就信以为真，而主动权掌握在商家手里，商家解释什么就是什么，于是，她就掉入了商家的陷阱里。

思考和提问是为了跳出对方的逻辑圈，进入自己的逻辑思维模式，这是防止被人控制、诱骗，掌握交际主动权的必要手段。当你的思维处于自己的逻辑圈时，你的思维是理智的，别人怎么说你都不会上当受骗，除非你被引入了别人的逻辑圈。

跳出别人的逻辑圈，按照自己的逻辑思维模式去思考、行动，不仅可以防止自己上当受骗，还有利于对他人进行劝服。劝服的过程就是将别人带入我们的逻辑圈的过程，当别人进入了我们的逻辑圈，我们就可以从思维上控制对方，让对方听我们的，最终达到劝服他人的目的。

那么，怎样跳出对方的逻辑圈呢？最佳的办法是努力做一个冷静的旁观者，不因某件事对自己有利或有害，就带着主观情绪去思考。比如，免费拍艺术照的事情，虽说看起来对自己有利，但如果认为自己幸运，以这种思维去看这件事，就很容易变得不理智。而如果以一个旁观者的眼光来看这件事，就可能看得比较客观、明了。常言说得好："当局者迷，旁观者清。"之所以当局者迷，是因为当局者的思维受限于周围的环境，而旁观者却不受影响，所以能客观地看待事物。

6. 掌握主动权，让对方跟着你的逻辑走

在日常交往中，我们会发现跟有些人沟通起来特别难，也许是他们不理解我们的意思，也许是他们想刁难我们，也许是他们不想配合，想拒绝我们。不管遇到了哪种情况，只要巧施技巧，就可以让对方跟着我们的逻辑走，进入我们希望的思维模式中，从而让他们乖乖听我们的话，达到我们的目的。下面的故事就充分印证了这一点，让我们来见识一下吧！

有一天，阿凡提到以吝啬贪婪闻名的巴依家去借锅，巴依当然不肯，最后还是让阿凡提把小毛驴留下做抵押，才借到了锅。

第二天，阿凡提准时来还锅，并且还带着一只小锅。巴依好奇地问："阿凡提，你带这个小锅来干吗？"

阿凡提故作神秘地说："巴依老爷，你昨天借给我的锅是一只怀了孕的锅，今天早上我到你这儿来的时候，它刚好生了一只小锅，所以我一并带来还给你啦！"

巴依当然不信锅会生小锅，他还以为阿凡提是个蠢货，不过，能多一个锅也是好事，所以他装模作样地说："是啊！是啊！我昨天借给你锅时，它正怀着孕呢！"然后让阿凡提牵走了小毛驴，并假装慷慨

地说："阿凡提，今后不管你要借什么东西，都尽管来借好了。"

从此以后，阿凡提每借一次东西，都会依样还给巴依一件小东西，巴依笑得合不拢嘴，心里也在不停地嘲笑阿凡提。

过了半个月，阿凡提愁眉苦脸地对巴依说："巴依老爷，我的母亲生病了，我想借你那口祖传的金锅去给母亲煎药。"

巴依一想到过几天就有两只金锅到手，便很干脆地把金锅借给了阿凡提。

谁知，这次阿凡提过了很久都没来还锅，巴依等得不耐烦，决定亲自上门去讨回来。正准备出门，阿凡提急匆匆地跑进来，上气不接下气地说："巴依老爷，不好啦！你借给我的那只金锅难产死了！"

巴依大吃一惊，瞪着眼骂道："放屁，锅怎么会死呢？"

阿凡提立即提高声音说："巴依老爷，你既然相信锅会生小锅，那它为什么不会死呢？"

贪心的巴依被自己的无知和贪婪弄得哑口无言，不仅失去了珍贵的东西，还成了大家的笑柄。

在心理学上，这种现象被称为"登门槛效应"，这是一种通过先提出小要求，然后一步步提出更多、更大的要求来达到自己的终极目的的手段，也是求人办事、操控他人思维的常用手段之一。在生活和工作中，善于让他人跟着自己的思维走，实在是一种高超的思维操控智慧。有了这种智慧，说话办事都会变得十分顺利。

叶墨兹托是美国纽约的一位著名律师，他机智狡黠，精于办案，在业内十分有名。

有一天，一个青年人来找叶墨兹托帮忙，原因是他被一家旅馆的店主"骗"了200美元。到底是怎么回事呢？

事情是这样的：不久前，这个青年人省吃俭用攒下300美元进城，准备采购一些商品回去。到了晚上，他住进了一家旅馆，并把200美元交给店主保管。第二天早上，青年人出门时找店主取回200美元时，店主矢口否认存钱之事，还反咬一口，说青年人有意诈骗。由于他没有证据，拿店主没办法，绝望之中，他想到了叶墨兹托律师，于是前来求援。

叶墨兹托见青年人言谈朴实，不像是在讲虚构故事，就给他支了一招。他对青年人说："你赶快回到那家旅馆，对店主说存钱一事是你记错了，钱还在箱子里。第二天，你再交给店主200美元，托店主保管，但这次一定要暗中带一个自己的朋友一起去店里，当着这个朋友的面把钱交给店主保管。"

青年人按照叶墨兹托的建议去做了。到了第三天，叶墨兹托叫青年人趁着店里没人时找店主索要头一天存的200美元，这次店主不敢抵赖，因为他知道青年人有证人，所以把钱还给了青年人。

到了第四天，叶墨兹托叫青年人带着那位朋友再次去索要200美元，店主说什么也不肯给青年人钱，于是叶墨兹托让青年人向法院起诉。由于存钱的时候有人作证，而还钱的时候无人得知，因此法院判店主败诉，归还青年人200美元，并支付起诉所产生的费用。

在这里，叶墨兹托设计了一个圈套，让店主误以为青年人第二次讨要的200美元是头天交给他保管的200美元。而实际上，这次在没带证人的情况下讨回的200美元，是之前店主抵赖的200美元。后面青年人带着证人讨要的200美元，才是第二次交其保管的200美元。这样以其人之道还治其人之身，给了贪婪、无德的店主狠狠一击。

事实上，想让对方跟着你的逻辑走，还有一个办法，那就是我们常说的"激将法"。激将法的妙处就在于，通过激怒对方，使对方陷入不理智的情绪之中，然后被自己牵着鼻子走。

7. 摸清脉搏，让对方主动满足你的需求

说服他人从本质上来说是一种"洗脑"，只有洗净对方的固有思维，才能让对方接受你的观点。当你准备说服别人时，请在开口之前先问问自己：怎样讲他才愿意听？对方到底需要什么？把这两个问题搞清楚之后，针对对方的需要去说服，而不是只谈自己需要的，这样你才更容易达到说服人的目的。美国著名的人际关系大师戴尔·卡耐基就深谙此道。

卡耐基每个季度都要在纽约某旅馆租用大礼堂20个晚上，用于讲授社交培训课程。有一个季度，他刚准备开课，却忽然接到旅馆的通知，旅馆的总经理要求他支付高于以往3倍的租金，否则就中止合作，而这个时候，入场券已经印好，各项开课事宜也已办妥。

卡耐基前去交涉，见到旅馆的总经理后，卡耐基说："当我接到你们的通知时，感到震惊，不过这不怪你，假如我处在你的位置，我也许会发出同样的通知。你是这家旅馆的总经理，你有责任增加旅馆的赢利。如果你不这么做，你的总经理职位就难保了。"

这番话很好地缓和了交谈气氛，让旅馆总经理觉得卡耐基是个很善解人意的人。接着，卡耐基说："现在我们来合计一下，看你们增加租金对你们有利还是不利。"

卡耐基先讲有利于旅馆的一面："大礼堂不出租给我们授课，而是出租给舞会举办者，你们可以获得更多的赢利。因为这类活动一般时间不长，他们愿意一次支付很高的租金，比我们的租金高得多。租给我，显然你吃大亏了。"

然后，卡耐基开始讲不利于旅馆的一面："对你们旅馆不利的一

面是,首先,你增加了我们的租金,却降低了收入。因为增加租金实际上是把我们撵跑了。我们支付不起那么高的租金,不得不去找别的地方办培训班。其次,参加我们培训班的是成千上万有文化、受过教育的中上层管理人士,他们来到你们的旅馆听课,对你们来说,也是一个不花钱的活广告。事实上,假如你花5000美元在报纸上登广告,也不可能邀请这么多人来你的旅馆参观,可我的培训班能做到,这难道不合算吗?请你仔细考虑后再答复我。"

讲完之后,卡耐基便告辞了。最终,当然是旅馆总经理做出了让步。

在这段沟通对话中,卡耐基从始至终没有说过一句他要什么,而是站在对方的角度想问题。通过渐进式的说服,最后让旅馆总经理做出了让步,答应了卡耐基的要求。这就是高明的说服艺术。

在这个世界上,没有谁比谁傻,很多时候,别人之所以不愿意接受我们的想法,不愿意答应我们的要求,只不过是因为他们没有感受到被尊重,没有看到好处。因此,在说服对方的时候,一定要想办法让对方感受到尊重,让对方明白利害关系,这样他们才会自动地满足我们的需要。

房租对在美国留学的学生来说是一笔不小的开支,靠近学校的房租都非常贵。有一个留学美国的中国小伙子想在学校附近租一间公寓,但房租实在太贵,房东又坚持不肯降价,他只好签了半年的合同。

住满一个月,他就给房东打电话说:"房东先生,能不能请您来一下,我准备搬家了,我们把房租结算一下。"房东到了之后,他先恭维了一番:"我住了一个月,房子设施很好,住起来很舒适,去学校也很方便,您的管理也井井有条。"

房东听了非常高兴,问:"那你怎么还要搬走啊?"

小伙子回答:"这不是房子的原因,纯粹是我个人的问题。我现在经济上闹危机了，付不起房租了。我真的很留恋这里，但不得不忍痛割爱。"

房东又高兴又感动，就问："你能出多少钱？"

小伙子很不好意思地说："我现在实在很困难，最多只能付120美元。"房东一听，慷慨地说："120美元也行，那你就住着吧。"就这样，房租从原来的175美元降到了120美元。

在上面两个故事中，说服者通过表达对被说服者的尊重、崇拜，让被说服者获得了心理上的满足感，从而从心理上接受了说服者，然后主动接受了说服者的"推销"。

要想说服他人，首先要让对方喜欢你、接受你。在对方接受你的情况下说服对方，成功就变得唾手可得；在对方抗拒你的时候去说服，成功就会变得难如登天。而让对方接受你的过程，就是一个运用逻辑思维的过程，这个过程包含着真诚友好的态度、有理有据的利弊分析，还要给对方时间做决定。如果不能耐心地等待对方，而是催促对方做决定，就很可能使整个说服计划泡汤。牢记这三点，对成功说服他人很有帮助。

8. 罩门效应，让情绪为己所控

在说服交谈中，双方往往会陷入对立的状态。在这种情况下，你如果不能很好地化解对方的对抗情绪，就很难说服对方。这个时候，让对方从他关注的焦点上转移出来，他就会降低敌对情绪，倾听你的观点，这样，你就有很大可能说服对方。

战国时期，赵国孝成王刚即位，因年幼无法处理朝政，就由赵太后辅助执政。秦国看赵国此时虚弱，就起兵攻打赵国，赵国陷入了危机，向齐国求救。齐国要长安君做人质方肯发兵，赵太后不同意，并禁止大臣为此进谏。

触龙这时去见赵太后，赵太后以为触龙也是来劝她的，很是不高兴。可触龙见到赵太后并没有谈长安君的事情，只是问了一些生活上的问题，赵太后怒气逐渐消解。随后，触龙就和赵太后谈论如何爱子的问题，两人谈得很透彻。在比较谁更爱子时，触龙委婉地说她没有为爱子做长远的打算。赵太后问他为什么，他说："父母疼爱子女，就要为他们的长远考虑。您送燕后出嫁的时候，为她哭泣，这是惦念并伤心她嫁到远方。她出嫁以后，您并不是不想念她，可您祭祀时，一定为她祝告说：'千万不要让她回来啊。'难道这不是为她做长远打算，希望她生育子孙，一代一代地做国君吗？"太后说："是这样。"

触龙又说："从这辈往上推到三代以前，甚至到赵国建立的时候，赵国君主的子孙被封侯的没有，其他诸侯国也没有，这是因为他们地位高而没有功勋，俸禄丰厚而没有劳绩，占有的珍宝太多了啊！现在，您把长安君的地位提得很高，又封给他肥沃的土地，给他很多珍宝，而不趁现在这个时机让他为国立功，一旦您百年之后，长安君凭什么在赵国站住脚呢？我觉得您为长安君打算得太短了，没有替他长远谋划。"

赵太后非常认同触龙说的话，最终同意了长安君去齐国做人质，赵国也因此得到了齐国的援救。

在这个故事中，触龙知道如果直谏必定不会有成效，还会招来赵太后的怨恨，所以他采取了转移赵太后注意力的方法，先说其他无关紧要的事，使赵太后的敌对情绪得到缓解，最后摆事实讲道理，将赵太后说服。可见，渐进式的情绪操控在说服当中的作用甚大。

要想影响别人、说服别人，首先应该控制对方的不良情绪，因为当一个人带有不良情绪时，他会很固执，很可能说气话，这样你是很难跟他沟通的，更别提说服他了。比如，有位顾客怒气冲冲地前来投诉你的产品，这时你跟他讲道理是没用的，他根本不会听，最好的办法就是先稳定他的情绪，然后再跟他讲道理、聊产品。

琼斯公司承包了一座大厦的建造、装修工程，一切都按照计划进行。可就在大厦接近完工的阶段，供应大厦内部装饰的铜器的商家却突然宣称无法如期交货。如果真是这样，那么整栋大厦就不能如期交工，公司将面临巨额的罚金。

琼斯让人给铜器供应商打电话交涉，争也争了，吵也吵了，但就是没有结果。没办法，琼斯只能亲自前往纽约，去当面说服铜器供应商。

面对琼斯的突然造访，供应商表现得很不友好，一开始就摆出了很不合作的态度。琼斯是个聪明人，他察觉到了供应商的抵触情绪，所以闭口不谈铜器的供应问题，而是与供应商闲聊。

"你知道吗？在布鲁克林区，你的姓是最特别的，因为只有你一个人有这样的姓。"琼斯面带微笑地搭讪。

供应商有点吃惊："是吗？我可不知道！"

"哦，"琼斯说，"来你这里之前，我查阅了电话簿，在布鲁克林的电话簿上，有你这个姓的只有你一个人。"

"我真的不知道，"供应商一边说，一边查阅电话簿，"哦，我的姓还真是不平常。我的家族是从荷兰移民过来的，已经有两百年了……"供应商连续讲了几分钟，当他说完之后，琼斯恭维道："真的很佩服你拥有这么大的工厂,我以前也拜访过很多同类工厂,但从规模上来说,它们跟你的工厂差得太多了。"

供应商笑着说:"这是我花了一生的心血建立起来的事业,我为它感到骄傲。既然你来了,愿不愿意去参观一下工厂呢?"

琼斯当然乐意去参观,在参观的过程中,琼斯不断地恭维他的企业制度健全,并告诉他为什么他的企业看起来更有实力以及好在什么地方。与此同时,琼斯还对工厂里一些不寻常的机器大为赞赏。供应商笑着说:"这机器是我发明的。"然后花了不少时间向琼斯说明如何操作。

到了中午,供应商热情地邀请琼斯共进午餐。到此为止,琼斯一句也没提铜器的供应问题。吃完午饭后,供应商开门见山道:"现在,让我们来谈谈正事吧,我知道你这次来的目的,但我没想到我们的见面如此愉快,我很乐意与你交朋友。我可以向你保证,我们的铜器会如期运到你们的工地上。"

供应商说到做到,那些铜器真的及时运到了工地上,大厦也如期完工。

在这个案例里,琼斯采取的是渐进式的情绪操控,一步步消除了供应商的抵触情绪,激发了对方对他的好感,使对方慢慢表现出热情友好的态度。假设琼斯不这样做,而是一见面就怒不可遏地指责供应商不守信用,然后与之大谈诚信经商的道理,结果很可能是败兴而归。

本杰明·富兰克林曾经说过:"如果你总是抬杠、反驳,也许你偶尔能获胜,但那只是空洞的胜利,因为你永远得不到对方的好感。"因此,要想赢得对方的好感,就要善于顺毛摸驴,摸得对方心情舒畅,那样,什么事情就都会好办得多。

可以说,让对方心情舒畅是稳住对方情绪、引导对方情绪的不二法则。前日本众议院议员德田虎雄曾经说过："人与人之间的关系是很微妙的，是不容易相处好的。有时候，小小的关心和照顾就能让对方心情舒畅，心情舒畅则办事顺畅。"

生活中，这样的人并不少：当你顺着他的情绪时，他便对你好得不得了，甚至愿意不惜一切满足你的要求。如果你不尊重他，跟他抬杠，与他叫板，他便处处与你过不去，没事也会找你麻烦，就是不让你舒服；但是，如果哪天你请他吃饭，给足他面子，之前的不快与仇怨，他也会立即忘记。所以，赶紧权衡一下，你到底需要一种表面上的胜利，还是需要实实在在的利益。

顺从对方是控制对方情绪的总体原则，具体来说，还需要按照以下几个步骤进行。

（1）放低对方的重心，请对方坐下。有研究表明，人的身体重心越高，情绪越容易失控，比如拍案而起、暴跳如雷，这些满腔的怒火都是站着发泄出来的。而人一旦坐下来，身体蜷成一团，70%的人都能保持冷静。因此，面对一个你要说服的对象，当他有不良情绪时，请他坐下，这既能缓和他的不良情绪，也可以表示你的礼貌。

（2）反馈式倾听，给对方回应。面对你要说服的人，要让他先说，让他说得舒畅，这一点很重要。在他说的时候，你一定要认真倾听，眼睛看着对方，身体前倾，表示你对他的话题有兴趣。不论对方表达什么观点，你既不要明显地赞同，也不要不留情面地反对，而需要用含糊的方式表达你在听，你明白他的意思，让对方感到你对他的重视。

（3）重复对方的话，表达你的重视。"张总，你刚才说的意见对我们很重要，我把你的意思归纳一下，一共有五点，我跟你确认一下，看看是否有遗漏。"人一般都对自己说过的话很在意，因此，重复别人说过的话有利于赢得他的好感，吸引他的注意力。

（4）适时转换场地，换个环境。当说服工作不太顺利时，不妨换个环境，比如说："哎呀，这个房间有点闷，我请你去吃烧烤、喝啤酒怎么样？"然后一边走，一边与对方聊，分散对方的注意力，这样有利于缓解对方的不良情绪。

（5）转移对方的注意力，让对方放松。在说服的过程中，你可以冷不丁地采取夸张的动作转移对方的注意力，比如，猛地提高嗓门或突然用脚跺地，这样能使对方的注意力不至于集中在不良的情绪上。

（6）晓之以"利"，动之以情。说服别人最好的办法就是让人看到好处，只要不违法、不犯罪、不违背伦理道德，有利可图的事情谁不愿意呢？所以，当逐渐掌控了对方的情绪之后，剩下的就是最后一个环节，让对方看到好处，这样对方才愿意接受你的说服。

第三章

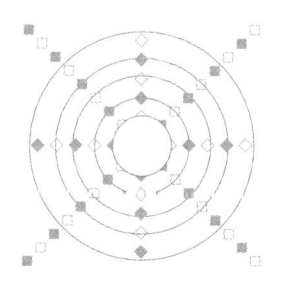

逆向逻辑——
反弹琵琶，出奇制胜

1. 突破常规：反弹琵琶，出奇制胜

所谓逆向思维，也就是打破传统的思维程序，对问题做出反方向思考。运用习惯型逆向思维法，就是进行"反弹琵琶"式的思考。这种思考方式，常常能翻出新意，收到出人意料的效果。

肯·罗宾斯是一位杰出的企业家，他的成功来之不易。一开始，罗宾斯依靠推销鱼缸养活自己，他曾充满自信地拉了一车鱼缸去一个小镇推销，但那个地方没有人爱好养鱼。在那里推销了一段时间之后，肯·罗宾斯一个鱼缸也没有卖出去，当地人劝他换个地方，也许别的小镇需要这种工艺精美的鱼缸。

肯·罗宾斯没有退却，而是去城里的花鸟市场买了500条金鱼，之后便来到小镇上游的水渠边，将金鱼都放进了水里。看到水渠中游动着漂亮的金鱼，当地人兴奋极了，甚至有人跳进水渠里捕捉金鱼。捉到金鱼的人都想到了肯·罗宾斯的鱼缸，于是兴高采烈地到他那里买鱼缸来养金鱼。而那些没有捕到金鱼的人也纷纷来抢购鱼缸，因为他们在想：也许明天就能捉到一条金鱼，鱼缸早晚能用得上。

就这样，几千个鱼缸很快就被抢购一空，而肯·罗宾斯也因此发了一笔小财，为自己的人生掘到了"第一桶金"。

一根筋地往前走，有很大可能是要碰壁的。常规是约束创造力的枷锁，如果我们能够打破常规，冲出重围，就可以开启成功的大门；否则，我们只能在成功边缘徘徊。

有一天，一位犹太富翁走进了美国花旗银行的贷款部。贷款部的经理一看，来了一位大客户，因为这位犹太人的手里拎着一个非常昂贵的皮箱，穿着也非常体面。经理马上迎了上去，问道："这位先生，有什么需要我帮忙的吗？"

"我想借一些钱。"犹太富翁说。

经理一听，便说："可以，但您要在我们这里贷款的话需要有担保人，您得拿一些东西抵押才行，不知您押一些什么？"

"要抵押可以，您看这个。"犹太人说完就把手里的箱子拿了出来，经理打开一看，里面装满了金银珠宝和各种股票、债券等，"我这箱子里的东西大概值50万美元。"

经理知道，这箱子里的东西都很值钱，于是就毕恭毕敬地问这位富翁："您到底要贷多少钱？"

犹太人想了想说："我想贷款1美元。"

一听这话，经理傻眼了，50万美元的东西只贷款1美元，这个人肯定是疯了。要说这位经理还是有些小聪明，转念一想就明白了：这个犹太人肯定是位大客户，这是要拿贷款1美元的事考验我们的信誉、效率和办事能力，这里不知道还有多大的买卖等着我们呢！1美元不过是一个引子。

"没问题，这1美元我们绝对贷给您。"经理说完这句话以后，把手续一一给这位犹太人办好，目送这个富翁走出了花旗银行的大门。

一转眼个把月过去了，一天，这位犹太商人又回到了花旗银行。这个犹太人微笑着，果然拿出了1美元对经理说："今天我就是来还这1美元的，你把之前我抵押在这儿的东西还给我吧。"

经理把这些东西如数交给这位犹太商人之后，就等着他的后话，可这位犹太人起身说了一声谢谢后就要走。看到这里，经理一把抓住了他，便问："难道您没有什么事要办了吗？"

65

犹太人神秘地微笑了一下后，道出了其中的秘密："其实，我是想到国外去旅行，但家里值钱的东西实在是不放心。本来想在你们的银行办理一个保管业务，可我一算每个月的保管费就需要花掉几百美元，太不划算了。但像现在这样多好，我拿这些值钱的东西去贷1美元，几个月之后还款还是1美元，而且我的东西还被你们保管得很好。"经理终于明白了，原来犹太富翁只是想让银行给自己保管物品。

人们在想问题时往往会带着一种主见，顺着习惯的思路进行。但是，这样的思考并不客观，也不完善。俗话说："当局者迷，旁观者清。"习惯性思维常常阻碍着难题的解决，习惯型逆向思维就是要冲破习惯性思维的条条框框，从现有的思路返回。

与习惯性思维不同，习惯型逆向思维是反过来用绝大多数人没有想到的思维方式去思考问题。运用习惯型逆向思维去思考和处理问题，实际上就是以"出奇"去达到"制胜"的目的。因此，习惯型逆向思维的结果常常会令人大吃一惊。

2. 反道而行，问题迎刃而解

通常情况下，人们的思维方式是比较有效、经济的，能解决大部分常规问题。但有时，常规思维并不能解决一些非常规的问题，而且人类是懒惰的动物，一旦用脑的方法模式化后，就很难用别的方法再予以刺激。所以，为了使自己的头脑能够不僵化，不断地转换思路，就必须要打破固有的思考模式。

第三章 逆向逻辑——反弹琵琶，出奇制胜

一天早晨，一个牧师正在准备明天的讲道词。太太出去买东西了，小儿子约翰哭着嚷着要去迪士尼乐园。为了转移儿子的注意力，牧师将一幅色彩缤纷的世界地图撕成许多小碎片，对儿子说："小约翰，你如果能把这张世界地图拼起来，我就带你去迪士尼乐园。"

牧师以为这件事会使约翰花费大半个上午，但不到十分钟，小约翰便拼好了。每一片碎纸片都整整齐齐地排列在一起，整张世界地图又恢复了原状。

牧师很吃惊，问道："孩子，你怎么拼得这么快？"

小约翰回答："很简单呀！地图的另一面是一个人的照片，我先把这个人的照片拼到一块，然后把它翻过来。我想，如果这个人拼对了，那么，这张世界地图也该是对的。"

牧师忍不住笑了起来，决定马上带儿子去迪士尼乐园，因为儿子给了他明天讲道的题目：人对了，世界就对了。

这个故事告诉我们，当你正在进行思考时，如果你的方法是错误的，不妨换个思路去思考。只要思路是正确的，一切问题都会迎刃而解。美国思想家史坦利·阿诺德说："每一个问题都隐含解决的种子。"这句话强调了一个重要的事实，那就是每个问题内都有解决之道。问题的本身就包含着解决的办法，只是需要人们开动自己的思维，主动去寻找。

一位出色的企业家受邀到一所学校开讲座，在互动环节中，同学们提了一个问题：在金融危机中，如何才能更好地就业和创业？

企业家没有直接回答，而是提问道："假如一条大河的对岸刚发现了一座大的金矿，但河水很深，你们不会游泳，但又渴望得到这一大笔财富，你们会怎么办呢？"

大家七嘴八舌，有人说："绕到河水浅的地方再过河。"有人说：

"练习游泳，练会了再游过去。"也有人说："造条船，能过河就行。"还有人说："建一座桥。"

企业家点点头，微笑着说："你们说得都不错。你们的目的是为了过河，绕到河水浅的地方过河也未尝不可，但是一条大河，你知道浅水处在什么地方吗？这样找很浪费时间。有时候，想要成功是要有一点儿冒险精神的，太保守反而会错过良机。练习游泳也行，但当你学会了游泳并且真正能够游到对岸时，估计一切都晚了，机会来了不抓住，就会溜走的。造船、建桥也可以，但你想想，造一条船、建一座桥需要多大成本、多少时间？你不会游泳，但有人善于游泳，也许就在你想办法的时候，别人已经在第一时间游到对岸，并注册了商标，申请了专利。真正的财富只能被少数的天才拥有，比尔·盖茨就是一个善游者，他最先发现了财富并且最先游到对岸，现在，金子已经被比尔·盖茨拿走了。"

同学们一阵大笑之后，流露出了有些失望的眼神。企业家见状，接着说道："或许你们不是天才，但只要你们肯动脑筋，转过弯来，也一定会有很多成功的道路。金子被比尔·盖茨拿走了，那么这时候你们发现机会了吗？如果这时候你就灰心丧气、打退堂鼓，那你注定会两手空空、一无所有。"

企业家顿了顿，接着说："吸取了不会游泳而失去财富的教训，很多人当然都想学游泳了，那么机会来了，你可以开游泳馆，请人教授游泳，一样也可以发财。造船的应继续造船，建桥的也应继续建桥，虽然比尔·盖茨有很多金子，但他也需要过河，你可以向他收过路费，一样也可以赚大钱。然后你们再看，造船需要木材商，建桥还要水泥商……机会还有很多很多。比尔·盖茨拿走了金子，他同样也要分一些给你们。成功之路千千万，若你们能另辟蹊径，一样能获得金子。"

人们往往会对一些常见的事物形成思维定式，以固有的思维方式来思考新的问题。但任何事情都会不断变化，如果还以固定的思路来思考，必然找不到解决问题的方法。所以，我们需要转换视角，换个角度去思考，这样就能引发新的思索，产生超乎寻常的新构思和不同凡俗的新观念。

洛克菲勒说："思路决定出路，头脑是否敏捷对成功至关重要。只有思维灵活的人，才能在变化中生存和发展。"当你觉得事情的发展与你的预期不相符时，就要及时、果断地摒弃旧有的思路，换个思路，说不定问题就能迎刃而解了。

3. 换条跑道，水路不通走旱路

有时候，成败只在于一个思路的转变。正常模式行不通的时候，不妨采用逆向思维模式。

灵活掌握，随机应变，这头不通就走那头。人的思维方式从大的方面讲有两种：一种是顺向思维，也可以理解为传统思维；另一种是逆向思维。在一般情况下，人们都是顺向思维。按一般规律办事，按传统方式处理事情，这些都属于顺向思维的范畴。不过，逆向思维也并不违背客观规律。在经济活动中，我们有些传统的思维方式，实际上并不符合经济规律。在科技攻关的过程中，更需要标新立异的创造性思维，不能循规蹈矩，跟在别人后面。

循规蹈矩的思维和按照传统方式解决问题容易使思路僵化、呆板，摆脱不掉习惯的束缚，得到的往往是一些司空见惯的答案。其实，任何事物都有多面性。由于受过去经验的影响，人们容易看到熟悉的一面，而对其他面视而不见。逆向思维能克服这一障碍。

很久以前，鞋子没有问世，不管是酷暑难耐，还是冰天雪地，人们都是赤着脚走路。

有一个国家的国王非常喜欢打猎，他进进出出都骑马，从来不步行，因而也没觉得赤脚有什么不好。

但有一回，他打猎打累了，想下马找个地方休息一下。结果，他刚一下马，脚就让一根刺给扎了。他痛得大叫，大骂身边的侍从。

回到王宫，他叫来一个大臣，命令他在一星期之内，必须把他要走的路统统铺上毛皮。如果不能如期完工，就要接受绞刑。

听到国王的命令，这个大臣吓得要死，这样的任务如何能完成呢？但国王的命令怎么能不执行呢？他只得硬着头皮去做。

他带领着工人不断往街上铺毛皮，声势十分浩大。但是，铺着铺着，问题就出现了，道路是无限的，毛皮是有限的，因此，他不得不每天宰杀牲口。但即便如此，也无法铺完所有的路。

离限期只剩两天了，这个大臣心急如焚，但也只能唉声叹气。大臣有一个聪慧的女儿，知道了父亲的心病所在，想了想，对父亲说："父亲大人，这件事就交给我吧，由我来办。"

第二天，姑娘让父亲带着她去见国王。来到王宫，姑娘向国王说道："大王，您下达的任务，我父亲已经完成了。"说着，她从包里掏出两只皮口袋，递给了国王，然后继续说道："您把这两只皮口袋穿在脚上，这样，您无论走到哪儿都没问题。"

国王感觉很新奇，便将两只皮口袋穿在了脚上，在地上走了走，温暖又舒适，于是龙颜大悦，给了这位大臣不少奖赏。

看似难以完成的难题，聪慧的姑娘转换了一下思维方式，轻而易举地就解决了。

在一般情况下，人们都是按照常规的思路来思考问题，这样比较经济、有序、保险。但在某些情况下，常规思维造成的思维逻辑定式会束缚人们的思路，影响创造性。当你走投无路的时候，为什么不倒过来想一想呢？顺向思维、传统思维并不是在所有情况下都是科学的、正确的逻辑。在有些情况下，顺向行不通了就走走逆向，从这个方向思考找不到答案再从相反方向想一想，没准能取得意想不到的收获。

在18世纪的法国，土豆种植曾有很长一段时间得不到推广。医生们认定它对健康有害；农学家曾断言，种植土豆会使土壤变得贫瘠。法国著名农学家安瑞·帕尔曼切曾吃过土豆，觉得土豆是一种很好的食品，于是决定在本国培植它。可是，过了很长一段时间，他都没能说服任何人。面对人们根深蒂固的偏见，他一筹莫展。后来，帕尔曼切决定借助国王的权力来达到自己的目的。

1787年，他终于得到了国王的许可，在一块出了名的低产田上栽培土豆。帕尔曼切发誓要让这不受人欢迎的"鬼苹果"走上大众的餐桌。他耍了个小小的花招——请求国王派出一支全副武装的卫队，每个白天都在那块地里严加看守。这异常的举动撩拨起了人们强烈的偷窃欲望。当夜幕降临，卫兵们撤走之后，人们便悄悄地摸到田里偷挖土豆，然后再小心翼翼地将它移植到自家的菜园里。每晚，土豆田里都能迎来一些蹑手蹑脚的偷窃者。就这样，土豆这丑丑的小东西昂然走进了千家万户。帕尔曼切终于夙愿得偿。

逆向逻辑思维能使思维更加灵活，且找到更多解决问题的途径。

逆向思维的价值是它对人们认识的挑战，是对事物认识的不断深化，并由此而产生"原子弹爆炸"般的威力。我们应当学会多运用这种逻辑思维方式，创造更多的奇迹。

4. 遇到困难，倒推因果破僵局

如果你思考的是较复杂的问题，又难以寻求合理的答案，就不妨倒过来想想。它有可能会使你产生曲径通幽、豁然开朗之感，并最终取得意想不到的创新效果。

不能只用一种角度去观察与思考问题，而要因地制宜、因时制宜，不断变化思维角度，这样才能发现问题的新触角和新亮点。一个人的境遇和地位会大大影响他观察和思考的角度，对问题的感受与认识也会随情境的变化而产生差别。在实践活动中，我们需要对事物采取不同视角，即变换观察和思考的角度去更全面地了解和认知事物。

20世纪中叶，美国加州发现金矿的消息迅速传播开来。许多人认为机不可失，时不再来，于是纷纷奔赴加州。年仅15岁的小农夫亚默尔也加入了这支庞大的"寻金热"的队伍。他历尽艰辛赶到加州，可经过一段时间，他也同多数人一样，没能挖到一两金子。淘金梦是绚丽的，山谷旷野中艰苦的生活却让人难以忍受。尤其是这里气候干燥、水源奇缺，让寻找金矿的人尝尽了无水可喝的痛苦滋味。许多人一边寻找金矿，一边不停地抱怨。

皮克嘟囔着："谁让我喝一壶凉水，我愿给他一块金币。"戴维宣布：“谁让我痛饮一顿，我就给他两块金币！”哈尔森发誓：“我出三块金币！”这些人发完牢骚又埋头挖掘起金矿来，而亚默尔却陷入了沉思。

经思量权衡，他毅然放弃了找金矿，将手中的铁镐由掘金矿变成了挖水渠。他从远方将河水引进水池，经过细沙过滤，成为清凉可口的饮用水。然后将水装在桶里，运到山谷，一水壶一水壶地卖给找金矿的人们。当时有人嘲笑他胸无大志："千辛万苦跑到加州来，不去挖金子发大财，却干这种蝇头小利的生意。这种小买卖在哪里不能干，何苦大老远跑到这里来？"亚默尔对此毫不介意，继续卖他的饮用水。结果，许多人深入宝山最后空手而归，而他却在很短的时间内靠卖水赚到了6000美元，这在当时已是一笔相当可观的财富了。

亚默尔的"弃金卖水"给了我们什么样的启示呢？亚默尔"舍本求末"的选择，看似有点傻，实际却正是他的聪明之处，也可以说是对"公众需求"的一种选择。人人都想挖到金子，但又非人人都能挖到金子。然而，客观自然条件——酷热缺水，造成人人都急需在挖金时得到水，这是必然的趋势。亚默尔突破常规思维，从逆向思考"小生意也能做成功"，这正是他做事的"心计"所在。

东方朔是西汉时期游戏人间的高人逸士，汉武帝对其颇为仰慕，遂几次三番请其到朝堂做官。后东方朔推辞不过，做了汉武帝内宫的官员。他不仅能言善辩，说起话来头头是道，而且为人刚正不阿，眼里不揉沙子，经常犯颜直谏。虽然他总会气得汉武帝发狂，但汉武帝感念其为国为君的用意，未曾加罪于他，反而对他倍加赏识。然而有一次，东方朔却差点被汉武帝处以极刑。

事情的经过是这样的：

汉武帝自从登基之后，便励精图治，大展宏图，内削藩王，外逐匈奴，国家日渐强盛。但随着国富民强，汉武帝有些自满起来，整日饮酒作乐、寻求长生不老药，幻想着自己可以长生不死，让自己的统治长久永固。

一天，一位海外术士云游至长安城，开坛授道，讲述永生之法。当天，这一消息就传到了汉武帝耳中，正在寻求仙药的汉武帝自然不会放过这个大好机会，于是他派人将这位术士请到了宫中，设宴款待，并向其请教长生之法。这位术士在皇宫一连盘桓数日，传授汉武帝长生之法，最后留下一坛酒，并留字告知汉武帝这是用仙草酿制的酒，喝后可以灾病全无、长生不死，随后便飘然远去。

汉武帝信以为真，因为不舍得喝，所以命令身边的侍从将这坛酒收藏在皇宫的酒窖之中，留待以后慢慢享用。这个消息传到了东方朔耳中，他认为汉武帝整日沉迷长生之术，再这样下去，必然会荒废朝政，于是决定劝谏汉武帝。但他想不出什么好办法，能既让汉武帝认识到自己的错误，又不至于生气，祸及自身。

一天，东方朔闲来无事，独自在庭院中饮酒，突然灵光一闪，想到了一条妙计。因为东方朔是汉武帝内宫的官员，所以皇宫内的很多地方他都可以任意出入。于是，他趁值守侍卫和太监们不注意，偷偷溜进了汉武帝的酒窖，找出了那坛仙酒，一口气喝了个底朝天。喝完之后，东方朔没有急着离开，反而躺在酒窖中睡起了觉。

第二天，值守太监去酒窖取酒，发现了在此呼呼大睡的东方朔，大吃一惊。在发现汉武帝的仙酒被东方朔喝完之后，值守太监被吓得魂不附体，大喊着跑出了酒窖，找来侍卫将东方朔抓了起来。

东方朔被押到了汉武帝面前，听闻太监们讲述了前因后果，汉武帝勃然大怒，十分生气地说道："朕的仙酒，你竟然全部给偷喝了。如此大逆不道的行为，应被千刀万剐。来人，将东方朔推出去处以极刑！"

但东方朔不为所动，竟然哈哈大笑起来。汉武帝十分不解，问道：

"怎么，要被处死了，吓傻了不成？你笑什么？"

东方朔十分淡定地回答："陛下，您不能杀我啊！"

汉武帝听后被气笑了，说道："你偷喝了朕的仙酒，为何不能杀你？"

东方朔笑着说道："仙酒确实被臣喝了，但是，如果这仙酒真的可以让人长生不死，那么，就算您将我斩首，我也不会死；如果您真的将我杀死了，那么这仙酒岂非不灵了？难道您真的会为了这种骗人的酒将我处死吗？"

听完东方朔的话，汉武帝茅塞顿开，想到了自己最近确实荒废了朝政，于是借着这个台阶，大笑着说道："好你个东方朔，偷喝了朕的仙酒，还被你说出花儿来了。死罪可免，活罪难逃，那就罚你赔偿朕十坛好酒。"此事就这样不了了之了。

东方朔之所以可以化险为夷，就是因为他抓住了"不死仙酒"里的逻辑谬误，通过反向推理，成功地为自己开脱了罪责，免去了性命之忧。

换一种逻辑思维方式，把问题倒过来，不但能帮你在处理问题时找到峰回路转的契机，也能使你找到快乐。

5. 逆向思维，化不利为有利

人们总是习惯性地只开发事物的优点而忽视它们的缺点，这在一定程度上影响了创造性活动。如果我们对某一事物的缺陷进行逆向思考，往往能化腐朽为神奇。

澳大利亚有一个中年妇女和丈夫闹离婚，她在法庭上向法官哭诉道："我20岁嫁给他时，他曾向我指天发誓，再也不和那鬼东西来往了。可是，结婚还不满一周，他便偷偷摸摸到运动场幽会去了。我警告他，他听不进去，我忍气吞声地过了20余年，如今他已50多岁了，依旧迷恋那个可恶的妖精。近来，他无论白天黑夜，幽会次数越来越多，不管怎样劝阻都要去运动场与那'第三者'见面。"在场旁听群众无不为之动容。

法官问她："第三者是谁？"

她气愤却直爽地说："'第三者'就是臭名远扬、家喻户晓的足球。"

法官对她的控词啼笑皆非，只得加以劝说道："足球不是人，你只能控告生产足球的厂家。"哪知这位中年妇女居然又向法庭控告一年生产足球20万只的宇宙足球厂。更出人意料的是宇宙足球厂居然愿赔偿她孤独费10万英镑，轻易让这位太太在法庭上大获全胜。

怎么会是如此结局呢？原来，宇宙足球厂老板抓住这一机会，"处变不惊，闻过则喜，应变有术"，通过新闻媒介大肆宣传。他对记者说："这位太太与其丈夫闹离婚，正说明我厂生产的足球魅力所在。而且，她的控词为我厂做了一次绝妙的广告。"宇宙足球厂产品销量因此剧增，压倒同行大获其利。

承受了莫须有的罪名，损失了10万英镑的资金，却赢得了良好的广告效应，获得了更大的收益。从以上事例可以看到，在突发事件来临时，应保持镇定的姿态，周密权衡利害得失，拿出相应的方案和措施，这才可能最大限度地减少损失，甚至变害为利。

患和利是一对矛盾，普遍存在于社会的各个领域。而在商场中，由于存在着经营者之间、经营者与商品之间、经营者与消费者之间、生产与销售之间、质量与价格之间极为复杂的联系，所以，制约患与利的因素也就更为复杂,"以患为利"的思想在做生意中也显得格外重要。生意人能否在竞争中发现隐患,能否在隐患中找出有利因素,能否把隐患转变成争取有利条件的条件等,直接关系着自己的生存与发展。商业竞争中的成功者往往善于通过自己的主观努力,把不利条件转变为夺取最后胜利的有利条件,即转患为利、转败为胜。

法国矿泉水产量居世界第一位,碧绿液是其中的佼佼者,有"水中香槟"之美誉。碧绿液年产超过10亿瓶,60%销往国外,在美国、日本和西欧等国,碧绿液成了法国矿泉水的象征。1990年2月初,美国食品及药物管理署宣布,经抽样调查,发现碧绿液中含有超过规定2~3倍的化学成分——苯,长期饮用可能致癌。

消息一传出,无疑是对碧绿液声誉的当头一棒,外界舆论纷纷猜测,法国这一块名牌要倒了。面对这种情况,怎么办?一般公司采取的措施可能只是收回那些不合格产品,并向消费者致歉,以求息事宁人,但从此,消费者将不再相信这种产品。

在此危急关头,董事长勒万非常镇静,经过慎重考虑,他决定采取逆向思维的方法,不仅要设法走出危境,还要将这件事变成对碧绿液的宣传,变害为利。

他在记者招待会上宣布:就地销毁已经销往世界各地的1.6亿瓶矿泉水,随后用新产品加以抵偿。

如果说,发现含苯量过高还算不上什么大新闻的话,那么"回收和销毁全部产品"这件事就成了当天的头条轰动新闻。这是一种"疯狂"的行动,更是一场"信心战"。对这一举动,法国政府总理当即表示赞扬。果然,在公司股票跌价16.5%之后,当决定全部回收的第二天,股票牌价就回升了2.5%。

接着,公司公布了造成事故的原因是人为技术造成的,差错在于:

在净水处理过程中由于滤水装置没有按期更换，而不是水源被污染，从而安定了人心。由于饮用习惯及对该公司的信任，在美国仍有85%的消费者继续购买碧绿液。首战告捷，接下来的第二招便是一场恢复信誉、巩固市场的宣传攻势。

碧绿液重新上市的那天，巴黎几乎所有的报纸杂志都用整版刊登了广告，画面是人们熟悉的碧绿液，唯一不同的是有几个鲜明的字样——"新产品"。

同一天，法国驻纽约总领事馆举行碧绿液新产品重新投放市场的新闻发布会。翌日，碧绿液美国分公司总经理仰首痛饮碧绿液的照片登在各大报刊的头版显著位置。

不久，碧绿液广告在电视屏幕上出现。一只小绿瓶，一滴水从瓶口沿着瓶身流淌，犹如眼泪一般。画外音是，碧绿液像是一个受委屈的小姑娘在呜咽低泣，一个如同父亲般的声音娓娓地劝慰她不要哭："我们仍旧喜欢你。"

"碧绿液"的牌子顷刻间家喻户晓，有些以前不知道它的人此刻也都知道了。谁都期待着新的产品上市后去品尝一下，这就产生了间接的巨大广告作用。

通过这一连串奇特的宣传攻势，碧绿液矿泉水反而获得了更多消费者的青睐。勒万的成功，主要应归功于逆向思维的妙用。

美国商界有句名言："倒了牌子的名牌产品要想东山再起，就像下台总统希望重入白宫一样绝无可能。"但只要巧用"以患为利"，便仍然可以挽回局面。只有这样，才有可能化缺点为优点，化弊端为有利，在绝望中找到希望，取得出人意料的胜利。

6. 遭遇挫折，反向思考危机和机遇

每个人都会遇到挫折，它只是命运的附属品，而不能决定命运。可是，同样的挫折在不同的人身上会有不同的结果。对于甘愿平庸的人来说，挫折只需一击便可打倒这种人；而对于有雄心成大事的人来说，挫折只会激起他更大的斗志，他会检讨失败的原因，然后重新上路。

富兰克林·罗斯福毕业于哈佛大学，不久之后，他便开始了自己的政治生涯。1909年，罗斯福参加纽约州参议员竞选并获胜。1912年，罗斯福积极为威尔逊奔走，并让他当选为民主党总统。由此开始，罗斯福的仕途之路一路平坦。

威尔逊当选总统后，任命罗斯福为海军助理部长。1914年7月，第一次世界大战爆发，罗斯福与民主党党阀支持的詹姆斯·杰拉尔德竞争联邦参议员职位，但遭到了失败。1917年，美国对德宣战，宣布站在协约国一方参加第一次世界大战。为了增加实战经验，作为海军助理部长的罗斯福于1918年赴欧洲战场考察。由于亲眼目睹了战争给人民造成的生命和财产的损失，这一次考察给他留下了终生难忘的印象。1920年，在总统选举中，他被任命为民主党总统候选人，结果被共和党候选人柯立芝击败。这一年，罗斯福决定回到纽约重操律师旧业，暂时退出政坛，准备积蓄力量，以东山再起。

可是天有不测风云，就在这个时候，一场意外降临到了罗斯福的头上。1921年8月10日，罗斯福不幸患上了小儿麻痹症，一场严峻的考验摆在了39岁的罗斯福面前，对他来说，这比生死的考验更为残酷，也更叫人难以忍受。

一开始，罗斯福竭力相信病情能够好转，但实际情况却在不断恶化，一直到他的两条腿完全麻痹，并且瘫痪的症状向上身蔓延时，他终于认识到，恢复的希望彻底破灭了。接着，罗斯福出现了更为严重的症状，他的脖子开始僵直，双臂也失去了知觉，最后连膀胱也暂时失去了控制。他的背部和双腿疼痛难忍，肌肉像被剥去了皮肤暴露在外的神经，稍一触动，就会痛得难以忍受。

当然，与精神上的摧残比起来，这些肉体上的折磨根本不算什么。一个有着伟大理想和光辉前程的人，一下子变成了一个卧床不起、事事需要别人照料的残疾人，他所承受的痛苦可想而知。

罗斯福几乎绝望了，以为"上帝把他抛弃了"。但罗斯福不愧为一代伟人，在身体状况最不堪的时候，他还可以理智地控制自己，以平时那种轻松活泼的态度和妻子开玩笑。他不希望把自己的痛苦、忧愁传染给妻子和孩子们。

有一天罗斯福告诉自己："我不相信这种娃娃病能够整倒一个堂堂男子汉，我一定要战胜它！"为了转移自己的注意力，罗斯福学会了拼命地思考问题，他不断地回想自己所走过的那些路，逐步地进行反思；他回想起那些曾经接触过的政治家，判断谁是可以学习的对象，谁是卑劣的骗子；他还想到了人民，想到了那次考察，想到了那些饥寒交迫的社会底层人。

在想这些问题的时候，罗斯福甚至忘记了自己是个卧床不起的病人。"至少我的头脑还没有瘫痪！"罗斯福对此感到十分庆幸。从那时起，他开始看书、学习、总结经验，他比较系统地阅读了大量有关美国历史、政治的书籍，阅读了许多世界名人传记及大量的医学书籍，有关小儿麻痹的书籍，他几乎都看了，并且和医生们进行了详细的讨论。到了后来，罗斯福简直成了这方面的权威。

这样的不幸可以压垮一个人，也可以造就一个人，关键就在于处于苦难中的人如何面对他所面临的苦难。罗斯福面对病痛一直是乐观和理智的，虽然这并不能使他所遭受的痛苦减轻，但乐观的态度让他变得更加生机勃勃，他甚至相信，当这场病痛过去之后，他可以重返政治舞台。

他明白要想抵抗病情，就必须进行艰苦的锻炼。为了使两腿伸直，他不得不打上石膏，然后像在中世纪的酷刑架上一样，把两腿关节处的楔子打进去一点，以使肌腱放松些。他就是这样每天坚持着锻炼，勇气给了他力量，不久之后，他的病情就有所好转。最后，他的手臂和背部的肌肉逐渐强壮起来，最后竟能坐起来了。

为了重新走路，罗斯福叫人在草坪上架起了两根横杠，一条高些，一条低些。每天，他都会连续几个小时不停地在这两条杠子中间挪动身体。他给自己定的第一个目标就是能走到离家1.4英里远的邮政街。他还让人在床正上方的天花板上安装了两个吊环，靠这两个吊环坚持锻炼。到第二年开春，他已经日见好转，能够走到楼下在地板上逗孩子们玩，或者坐在沙发上接见客人。

1922年2月，医生第一次给罗斯福安上了用皮革和钢制成的架子，这副架子他以后一直戴着。架子每个重7磅，从臂部一直到脚腕。架子在膝部固定住，这样，他的两条腿就像两根木棍一样。借助于这架子和拐棍，罗斯福不仅可以凭身体和手臂的运动来"走路"，还能站立起来讲话。但做到这一步也不容易，他开始时经常摔倒，夹着拐棍的两臂也经常累得发疼，尽管如此，他仍然以顽强的毅力和乐观的态度坚持了下来。

经过艰苦的锻炼，罗斯福的体力增强了。1922年秋天，他重新回到病前任职的信托储蓄公司工作。开始，他每周工作两天，然后慢慢增加到三天，最后每周四天。工作完回到家后，他会活动一下身体，然后又开始接见来访者。不久之后，罗斯福的名字重新打响了。

当他再一次出现在公众视线中时，他给人的印象是一个完完全全的健康人。同时，他面对病痛所表现出来的超人的勇气和乐观的态度，以及那种生机勃勃的自信，都赢得了别人更多的尊敬和信任。

1933年又是总统选举年，民主党由于上届总统选举失败，迫切需要罗斯福出来竞选，重振士气。罗斯福表示："在甩掉丁字形拐杖走路以前，我不想竞选。"但他决定出席民主党全国代表大会，以发出他本人重新返回政界的信息。在儿子的帮助下，他挂着拐杖走上讲台，这时全场响起了雷鸣般的掌声。罗斯福巧妙地控制着讲演的节奏，完全把听众吸引住了。他呼吁大家团结起来，这时听众全都起立。他充满激情地号召大家："要牢记亚伯拉罕·林肯的话：ّ对任何人都不怀恶意，对所有的人都充满友善。ّ"

虽然长时间的演讲让他带着架子的双腿麻木了，他那两只撑在桌子上的双手也不停地痉挛，但他全然不顾，因为他感觉到了台下众人对他表现出的敬意。

罗斯福的成功在于他那非凡的毅力和超人的意志。苦难并没有使他绝望，相反，他坚强地"站"了起来，"走"了出来，并最终得到了民众的一致认可。

如果说挫折是一座大山，想要欣赏山另一面的风景，就要爬过它；如果说挫折是一片沙漠，想要见到绿洲，就得走出它；如果说挫折是一道海峡，想要登上陆地，就要越过它。

是人创造了机遇，而不是机遇创造了成功。只要你不断地改变自己，提升自己，积极探索，善于思考，机遇自然会拜访你，成功也会与你相遇。

7. 倒后推理，问题解决的助推器

打破正常的思维方法，从问题的另一面着手，往往会获得意外的收获。

大英图书馆老馆年久失修，于是就在另一个地方建了一个新的图书馆。新馆建成后，要把老馆的书搬到新馆去。这本来是搬家公司的活儿，没什么好策划的，把书装上车，拉走，摆放到新馆即可。但问题是，按预算需要350万英镑，可图书馆没有这么多钱。眼看着雨季就要到了，不马上搬，这损失就大了。怎么办？馆长想了很多方案，但都不尽如人意。

一个馆员看馆长整天愁眉不展，便问他遇到了什么困难。馆长把情况向这个馆员介绍了一下。几天之后，馆员找到馆长，告诉馆长他有一个解决方案，不过仍然需要150万英镑。馆长十分高兴，这帮他省下了很大一笔钱。

"快说出来！"馆长很着急。

馆员说："好主意也是商品，我有一个条件。"

"什么条件？"馆长更着急了。

"如果把150万英镑全花尽了，那权当我为图书馆做贡献了，如果有剩余，图书馆就要把剩余的钱给我。"

"没问题，350万英镑我都认可了，150万英镑以内剩余的钱给你，我马上就能做主！"馆长很坚定地说。

"那咱们签订个合同？"馆员意识到发财的机会来了。

合同签订完，馆长便开始实施馆员的新搬家方案。结果，别说花

150万英镑，连50万英镑都没用完，图书就全搬过去了。

原来，图书馆在报纸上发出了一条惊人的消息：从即日起，大英图书馆免费、无限量向市民借阅图书，条件是从老馆借出，还到新馆去。

就实际情况而言，逆向思维含义很广。一方面，凡是不按正常方向去思考，而是逆向去思考的另类思维、颠倒思维、变通思维等，都可以称为逆向思维；另一方面，逆向思维又指对某一件事、某一习惯看法、某一个问题做单独的反向思考，以求有新的突破。我们去注意和思考问题的另一面，有助于我们更全面、更深入地思考和挖掘事物发展的本质规律，为成功找到捷径。

有一位做高档皮衣生意的老板，只有小学文化水平，起初他拥有的只是个手工作坊，而现在，他在北京有个几百人的工厂，生产的皮衣品牌年年列入全国销售排行前几位。

皮革行业竞争非常激烈，曾经有一个香港富翁投了1000多万元准备做个皮装品牌，没用一年，钱全打了水漂，由此可见一斑。

那个香港富商慕名前去拜访他，求教成功的秘诀。他先是微笑说："皮革生意并不好做，人们不会像买一件T恤那样去买一件皮衣。"然后又说："世界各地动物保护组织一直在坚决抵制用动物的皮毛做成身上穿的衣服，原材料更是贵得吓人。所以，皮革行业称得上是前有狼，后有虎！"

"其实，做这行想成功也很简单，"他继续说，"简单到你不可想象。不过，这属于商业机密，不能透露。"

后来有一次，这位老板喝了点酒，一高兴就道出了他成功的秘诀。在他公司里，客服部是专门联系工厂给顾客修理皮衣的部门，一旦发现哪一个款式返回维修的最多，就马上命令车间开足马力，生产这种款式。

如果某种款式一件返修的都没有，即使利润再高，也得马上停产。

面对朋友们疑惑的表情，他说："你们是不是最爱穿你喜欢的衣服？""是啊。""穿的次数多了，有一部分会不会坏掉？""是啊。""坏了之后，你会怎么办？""扔掉或者重新买一件啊。""如果它价钱很贵，而且是你最喜欢的款式呢？"朋友们豁然开朗："拿去修一下，修好了照样穿。"

买得起皮衣的大多是一些手头宽裕的人，那件皮衣如果他不喜欢的话，就算是有点贵也不至于麻烦到送回厂里去修；既然肯送回来修，那不是特别钟情这件皮衣还会是什么呢？

那位把皮衣生意做得很成功的老板就是靠着这样的逆向思维牢牢把住了市场的脉搏和消费者的心理，所谓成功的秘诀就是这么简单。

有人说，人生的成败只在于一个观念的转变。正思与反思就像一对翅膀，缺一不可。习惯于正向思维的人一旦学会了逆向思维，就能大大提高学习和工作的效率。当然，逆向思维的应用也要得当，否则就会适得其反。总之，逆向思维是一种科学的思维方式，在大部分人都处于正向思维的思维定式之中，逆向思维就更值得提倡了。

8. 颠覆思路，创造奇迹

生活中，遇到各种难题是非常正常的事情，我们不能盲目地执着，也不能只从问题方面进行思考，而需要进行立体思考，找到多个解决问题的办法。只有这样，才可能出现新的转机。

有一所学校，每年都要举行一次智力竞赛。这一年，智力竞赛又拉开了序幕，报名参加比赛的学生有几百名，竞争非常激烈。终于，全校选出了6名最聪明的学生，大家都等着看哪一位能获得第一名。

校长把参加决赛的6名选手带进教学楼第一层，指着6间教室，又指指大门，说："我现在把你们分别关在6间教室里，门外有人把守。我看你们谁有办法，只说一句话，就能让门外的警卫把你放出去。不过有两个条件：第一，不能硬闯出门；第二，即便被放出来，也不能让警卫跟着你。"说完，校长微微一笑："好了，孩子们，请吧！"

6位学生各自走进一间教室，思考着如何用一句话就让警卫放自己走出大门。然而，3个小时过去了，却没有一个人发出声响。正在这时，有个学生很惭愧地低声对警卫说："警卫叔叔，这场比赛太难了，我不想参加这场竞赛了，请您让我出去吧。"警卫听了，打开了房门，让他走了出来。看着这个临阵退缩的小家伙垂头丧气地走出大门，警卫惋惜地摇了摇头。

然而，走出大门的小家伙随即又回来了，他走到大厅里，对校长说："校长，您看，按您的要求，我办到了！"校长伸出手一把抱起这个孩子，高兴地说："孩子，你是这次竞赛的胜出者，你是最聪明的！"

人们习惯于沿着事物发展的正方向去思考问题并寻求解决办法。其实，对于某些问题，尤其是一些特殊问题，从结论往回推，倒过来思考，从求解回到已知条件，反过来想，或许会使问题更简单化，使解决它变得轻而易举。这就是逆向思维的魅力。

迈克是一家大公司的高级主管，他面临一个两难的境地。一方面，他非常喜欢自己的工作，也很喜欢工作带给他的丰厚薪水；另一方面，他非常讨厌他的上司，而且已经到了忍无可忍的地步。在经过慎重考虑之后，他决定去猎头公司重新谋一个别的公司高级主管的职位。猎头公司告诉他，以他的条件，再找一个类似的职位并不难。

回到家中，迈克把这一切告诉了他的妻子。他的妻子是一个教师，那天刚刚教学生如何重新界定问题，也就是把自己正在面对的问题换个角度进行思考，把正在面对的问题完全颠倒过来看，不仅要跟以往看这问题的角度不同，也要和其他人看这个问题的角度不同。她把上课的内容讲给了迈克听，这给了迈克很大的启发，一个大胆的想法在他脑中浮现。第二天，他又来到猎头公司，这次，他是请猎头公司替他的上司找工作。不久，他的上司就接到了猎头公司打来的电话，请他去别的公司高就。尽管他完全不知道这是他的下属和猎头公司共同努力的结果，但正好这位上司对于自己现在的工作也感到厌倦了，所以没考虑多久，他就接受了这份新工作。

这件事最美妙的地方就在于，上司接受了新的工作，所以他目前的位置就空出来了，迈克申请了这个位置，并获得了许可。

在这个故事中，迈克本意是想替自己找个新的工作，以躲开令自己讨厌的上司。但他的太太教他换个角度思考，结果，他不仅仍然干着自己喜欢的工作，而且摆脱了令自己心烦的上司，还意外地得到了升迁。

逆向思维体系中的过程颠倒法的实际应用，给我们的启示是：只要敢想、肯想、多想，勇于从新的视角挑战问题，就有成功的可能。过程颠倒作为一种创新思维，将引领我们在面对某些复杂的问题时，学会反向思考，通过改变过程达到自己的目的。

第四章

发散逻辑——
任何事物都是多面体

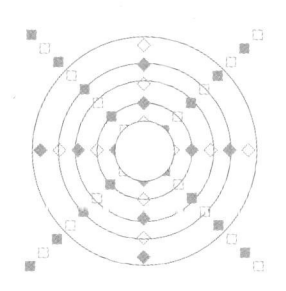

1. 成功源于思维的扩散

发散思维会对刺激做出非同寻常的反应，具有标新立异的效果。所谓发散思维，就是让人们在众多的方法中，找到一个特殊的亮点。

20世纪50年代，美国福特汽车公司推出了一款新车，式样、功能都很好，价钱也不贵。但令人没有想到的是，性价比如此高的车竟然销量平平，和当初设想的完全不一样。

大家都不愿意看到这样的局面，于是绞尽脑汁寻找原因，但怎么也找不到能让产品畅销的办法。当时，艾柯卡是福特汽车公司的一位见习工程师，本来与汽车的销售毫无关系，但他很清楚公司的忧心所在。于是，他开始琢磨，怎样才能让这款车畅销起来。

有一天，他来到经理办公室，对经理说："我们可以在报上登上'花56美元买一辆56型福特'的广告，就是谁想买一辆1956年生产的福特汽车，只需先付个首付，余下部分可按每月付56美元的办法分期付清。"

就是这样的一则广告，不但打消了很多人对车价的顾虑，还给人营造了"每个月才花56美元，就可以开上新车子"的印象。这个广告打出去以后，该款汽车的销量一路攀升。

灵活的发散思维能够根据具体问题找到一个巧妙的解决问题的办法，收到出人意料的效果。凡是具有发散思维的人，思路都比较开阔，善于随机应变，能够拓展思维的深度与广度，解决生活中更多的实际问题。

有一次，华若德克受邀参加在休斯敦举行的美国商品展销会。让他不高兴的是，他被分配到了一个极为偏僻的角落。在那样隐蔽的角落里，想成功展示自己的产品几乎是不可能的。但华若德克没有放弃，而是努力去想如何解决眼前的问题。

怎样使自己商品所在的角落成为整个展销会的焦点呢？他想了很多方法，但总觉得可行性差一些。突然，他的脑海里涌现出了偏远非洲的景象，觉得自己就像非洲人一样受到了歧视。他灵机一动，心想：不如我就扮成非洲难民的样子，说不定更能吸引顾客的眼球。

接下来，华若德克把摊位前的路装扮成了沙漠，让员工穿上非洲人的服装，并特地从动物园雇来了双峰骆驼，让其帮忙运输货物，围绕着摊位布满了具有浓郁非洲风情的装饰物。此外，他还派人定做了大量的气球。

展销会开始后，展览厅里顿时升起无数的彩色气球，气球升空后很快自行爆炸，落下无数卡片，上面写着："当你拾起卡片的时候，亲爱的女士和先生们，你的好运就开始了，请到华若德克的摊位前，接受来自遥远非洲的馈赠吧。"

这些小卡片散落在热闹的人群中，大家纷纷聚集到了这个处于偏僻位置的摊位前。

由于任何事物都有许多不同的方面，不同事物间也总是存在着一定的联系，而发散思维具有发散性、求异性、想象性和灵活性等特点，因此，在创造发明的过程中起着十分重要的作用。它能够使人们摆脱思维定式的束缚，在思考问题时不拘一格、不落俗套，充分发挥大脑的想象力。这时，通过新知识、新概念的重新组合，往往就能产生更多、更新的答案、设想或解决问题的方法。

因此，发散思维在创新过程中扮演着极其重要的角色。在科学研究中，如果能灵活地运用发散思维逻辑，用非常的眼光去考察大家所熟悉的事物，往往能从"同"中求"异"，从寻常中挖掘出新意。

2. 任何事物都是一个多面体

有一家公司进行招聘，来了200个应征者，只有李明通过了测试而被公司雇用了。这家公司的测试题是这样的：

在一个风雨交加的夜晚，你开着一辆车行驶在路上，有三个人在马路上艰难地向前行走：一个是快要死的老人，如果得不到及时的救治，他可能会挺不过去；一个是医生，曾救过你的性命，而你也一直想报答他；还有一个美丽的姑娘，你做梦都想娶她，如果错过就再也没有机会了。三个人都在招手，希望你能帮助他们，但车里除了你只能坐下一个人，你会怎么做？

面对这个问题，应征者的回答五花八门。有人心地善良，选择带着老人离开；有人懂得感恩，让医生上车；有的为了爱情不顾一切，拉上心爱的姑娘扬长而去。面对这些答案，主考官都摇了摇头。

李明的回答让主考官眼前一亮。李明想了想，说道："给医生车钥匙，让他开车带着老人去医院，而我则留下来陪美丽的姑娘一起走！"

世间的很多事情，只要你仔细观察就不难发现，每个事物之间都有其逃不开的关联性。只要我们在遇到问题的时候能够有意识地进行发散思维，把内部的矛盾与外部世界联系起来，就可以看到其问题所在。

懂得使用发散思维的人，当用一种方法不能解决问题时，会主动地否定这一方法，而向另一个方法跨越。他们不满足已有的思维成果，试图向新的方法、领域探索，并试图在各种方法中找到一种更好的方法。

发散思维体现了思维的开放性、创造性，是事物的普遍联系在头脑中的反映。既然事物是相互联系的，是多方面关系的总和，那么，在解决问题的时候，我们就不应该一条路走到黑，而应该从多个方面、多个角度去认识事物，让思维向四面八方发散出去，从而找到解决问题的最好方法。

一个会运用发散思维的人，往往可以发现别人发现不了的事物与规律，并在观察事物时，通过联想与想象，将思路扩展开来，从其他的和旁人不同的角度出发，而不仅仅局限于事物本身。

酒店大王希尔顿在盖一栋新酒店时，资金链突然断了。由于无法从银行贷款，他非常着急。

突然，他想到了一个妙计：找那位卖地皮的商人协商，要他给自己"免费"盖酒店！

对此，你是不是觉得很奇怪？哪有人傻到卖地皮给你，还把楼给你盖好的？但希尔顿却做到了！

希尔顿找到那个地产商，坦率地对他说没钱继续盖酒店了。地产商漫不经心地说："那就停工呗，等有钱了再盖。"

希尔顿回答道："这个我当然知道，但是，假如我的酒店总拖着不盖，恐怕受损失的不止我一个，说不定你的损失比我更大呢？"

听希尔顿这样说，地产商感到疑惑不解。随后，希尔顿又说："你应该知道，在我买了你这块地皮之后，周围的地价已经涨了很多。如果我的酒店突然不盖了，你的这些地皮的价格就会受到影响。如果有人趁机告诉别人，我不盖酒店是因为你的地方不好，那结果对谁更不利呢?"

"那你想怎么样?"地产商紧张了起来。

"很简单,你暂且帮我一把,将房子盖好再卖给我,我当然会付钱给你,但不是现在给,而是从我的利润里分期支付!"

地产商虽然很不情愿,但考虑到整体利益,还是决定做一回"傻子",同意了希尔顿的要求。

希尔顿从不同的角度分析了酒店不能完工的负面影响,使地产商答应为其"免费"盖房。其中便运用了全面联系的思维方法。

所谓全面联系法,就是从整体来思考,全面、联系地看问题。因为世界上的一切事物都有着千丝万缕的联系,把握住它往往就能把握住问题的实质。

3. 尊重经验,但不要被经验所束缚

在这个信息化的社会,信息在日日更新、时时更新,但我们的思维却往往跟不上知识更新的速度。习以为常、耳熟能详、理所当然的事物依然充斥在我们的生活中,使我们不能时刻感受到新事物的热情和新鲜感。经验成了我们判断事物的标准,存在即合理。随着知识的积累、经验的丰富,我们变得越来越循规蹈矩,越来越老成持重,于是,创造力丧失了,想象力萎缩了,固有的思维模式成为了人类超越自我的一大障碍。

第四章 发散逻辑——任何事物都是多面体

1941年,第二次世界大战激战正酣。一天,美国哥伦比亚大学著名统计学家沃德教授被英国皇家空军的作战指挥官邀请去解决一个难题。指挥官对沃德教授说:"每次飞行员去执行轰炸任务时,我们最怕听到的消息是:呼叫总部,我的飞机中弹了。我希望你协助我们解决这个关系到飞行员生死的难题。"

沃德教授答应了,并开始紧急研究方案。他分析了德国地面炮火击中盟军轰炸机的资料,并且根据统计数据提出了建议:机体装甲应该加强,这样才能降低被炮火击落的机会。但想做到这一点是有难度的,因为当时的航空技术有限,如果机体装甲过重,会导致飞机起飞困难以及操控迟钝。

后来,沃德教授对盟军轰炸机的弹着点进行了统计分析,发现机翼是最容易被击中的部位,而飞行员的座舱与机尾是最少被击中的部位。这项资料分析令英国皇家空军十分满意,但在研究成果报告会上,却发生了异常激烈的辩论。

负责该项目的作战指挥官说:"沃德教授的研究清晰地显示,盟军轰炸机的机翼弹孔最密集,最容易中弹。因此,我们应该加强机翼的装甲。"

但沃德教授却说:"将军,我尊敬你在飞行方面的专业,但我有不同的看法,我建议加强飞行员的座舱与机尾发动机部位的装甲,因为那儿最少发现弹孔。"

"什么?那里最少发现弹孔,为何还要加强装甲?"在全场惊愕的质疑声中,沃德教授从容地解释道:"我们所分析的飞机样本,只包含顺利返回基地的轰炸机。那些多次被击中机翼的轰炸机,能够幸运地存活下来并返回基地,而机舱和机尾部分很少发现弹着点。但这并不代表这两个部位不容易中弹,恰恰相反,那些被击落的飞机,就是因为这两个部位中弹了。"

指挥官反驳道:"沃德教授,我很佩服你没有任何飞行经验,就敢做出这么大胆的推论。就我个人而言,我在执行任务时,也曾多次机翼中弹,要不是我飞行技术好,运气也不错,早就机毁人亡了。所以,我强烈要求加强机翼的装甲。"

两人你来我往,僵持不下,皇家空军部部长也陷入了苦思。最后,部长决定接受沃德教授的建议,立刻加强驾驶舱与机尾发动机的防御装甲。不久之后,盟军轰炸机被击落的概率显著下降。为了确定这个决策的正确性,英国军方动用敌后工作人员,专门搜集那些坠毁在德国境内的盟军飞机残骸,分析它们中弹的部位,果真如沃德教授所料,这些飞机主要是由于驾驶舱或机尾发动机中弹才坠毁的。

乍一看,作战指挥官的观点十分合理,但他忽略了一个事实:弹着点分布是一种严重偏误的资料,原因是最关键的资料在已经坠毁的飞机身上,这些是无法观察到的。因此,只看布满弹痕的机翼,就去加强机翼的装甲是不合理的。

我们知道,凡是有一定年纪、有一定经历的人,处事都有自己的经验。这个经验是从过往的经历中总结出来的,虽然它有时候能够帮助我们更好地处事,但由于它是主观的,而客观事物充满了千变万化,因此,一味地拿经验来作为判断的依据,显然会造成认知层面的偏误。

清朝乾隆年间,京城出了一个小偷,这个小偷胆大包天,专偷皇宫里的东西。起初,没人注意他,直到有一天,御书房的玉玺被偷了,乾隆皇帝勃然大怒,才把抓住这个小偷作为专案来对待。

可气的是,乾隆派了三千多御林军严守紫禁城,严密盘查出入城门的车辆,但还是没有查出小偷。与此同时,皇宫里的东西照样天天丢。在乾隆皇帝心急如焚时，刘墉提出了一个"三策"抓贼方案：

第一，撤掉紫禁城的御林军；

第二，摘掉宝库门的大铁锁；

第三，打开存宝箱的木盖子。

乾隆听闻此言，大惑不解。刘墉不慌不忙地说："有无成效，一试便知。"乾隆只好抱着试一试的态度，让刘墉推行此法。结果，不到10天，就抓住了偷玉玺的小偷。

事情为什么会这样呢？原因很简单，以往小偷来皇宫偷东西，都会紧张兮兮，既要看有没有人发现，又要开门开箱，还要跳窗逃离。这次情形大不一样，与他头脑中偷盗现场的环境完全不同——皇宫门是开着的，存宝的房间没有锁，装宝的箱子也是开着的，一切来得非常容易，原来那些偷盗经验根本用不上。所以，一时间，他就慌了神，乱了方寸。正在他犹豫该不该偷，怀疑是不是有诈的时候，巡逻兵一拥而上，将他抓住。直到此时，他的脑子里还在想一个问题："为什么会这样呢？"

从古至今，无数事实证明，经验的作用具有两面性。在很多情况下，经验的确能启示人们做出正确的决定，但有时候，经验也会成为前进道路上的绊脚石。而经验是人们在实践活动中通过感性认识概括和总结出来的，并没有对事物的本质进行深入研究，所以常常缺乏科学性。

4. 移植思维，让联想缔造成功

移植思维方法是科学研究中最简便、最有效的一种方法，也是应用最广最多的方法。无论是科学研究工作者或实际工作者，只要掌握了移植思维方法的要点，留心世事，就能够巧妙地运用移植思维方法，做到有所发现，有所发明，有所创造。

人们的任何行为都是受到其观念支配的，因此，指导人们进行移植实践的是思维方法。一般来说，移植是由联想来牵线搭桥的，没有联想就没有移植。联想是指将此物用到彼物上，把某一领域的科学技术成果运用到其他领域的一种创造性思维技法。

有一种说法："如果大风刮起来，木桶店就会赚钱。"这两者是怎么联系起来的呢？原来，它经历了下面的思维过程：当大风刮起来的时候，砂石就会漫天飞舞，这会导致盲人的增加，如此，琵琶师父就会增多，越来越多的人会以猫的毛代替琵琶弦，因而猫会减少，结果老鼠的数量就会大大增加。由于老鼠会咬破木桶，所以木桶的销量就会增加，卖木桶的店就会赚钱。

上面的每段联想都很合理，而获得的结论却大大出人意料，这就是运用了联想思维的结果。

联想是从一种事物的表象推及另一事物的结果的逻辑思维过程。两者以某种相似性为中介，为新事物、新观点的形成进行必要的沟通联系。

纽约里士满区有一所穷人学校，叫圣·贝纳特学院，它是贝纳特牧师在经济大萧条时期创办的。1983年，一位名叫普热罗夫的捷克籍法学博士在做毕业论文时发现，50年来，该校毕业的学生在纽约警察局的

第四章 发散逻辑——任何事物都是多面体

犯罪记录最低。

为延长在美国的居住期，他突发奇想，上书纽约市市长布隆伯格，要求得到一笔市长基金，以便就这一课题深入开展调查。当时布隆伯格正因纽约的犯罪率居高不下受到选民的责备，所以很快就同意了普热罗夫的请求，给他提供了1.5万美元的经费。

普热罗夫凭借这笔钱，展开了漫长的调查活动。从80岁的老人到7岁的学童，从贝纳特牧师的亲属到在校的老师，总之，凡是在该校学习和工作过的人，只要能打听到他们的住址或信箱，他都要给他们寄去一份调查表，问：圣·贝纳特学院教会了你什么？在将近6年的时间里，他共收到3756份答卷。在这些答卷中，有74%的人回答，他们知道了一支铅笔有多少种用途。

普热罗夫本来的目的并不是真的想搞清楚这些没有进过监狱的人到底在该校学了些什么，他的真实意图是以此拖延在美国的时间，以便找一份与法学有关的工作。然而，当他看到这份奇怪的答案时，他决定马上进行研究，哪怕报告出来后被立即赶回捷克。

普热罗夫首先走访了纽约市最大的一家皮货商店的老板，老板说："是的，贝纳特牧师教会了我们一支铅笔有多少种用途，我们入学的第一篇作文就是这个题目。当初，我认为铅笔只有一种用途，那就是写字。谁知铅笔不仅能用来写字，必要时还能用来做尺子画线，还能作为礼品送人表示友爱，能当商品出售获得利润，铅笔的芯磨成粉后可作润滑粉，演出时也可临时用于化妆，削下的木屑可以做成装饰画，一支铅笔按相等的比例锯成若干份，可以做成一副象棋，可以当作玩具的轮子，在野外有险情时，铅笔抽掉芯还能被当作吸管喝石缝中的水，在遇到坏人时，削尖的铅笔还能作为自卫的武器……总之，一支铅笔有无数种用途。贝纳特牧师让我们这些穷人的孩子明白，有着眼睛、鼻子、耳朵、大脑和手脚的人更是有无数种用途，并且任何一种用途都足以使我们生存下去。我原来是个电车司机，后来失业了。现在，你看，我成了皮货商。"

普热罗夫后来又采访了一些圣·贝纳特学院毕业的学生，发现无论贵贱，他们都有一份职业，并且都生活得非常乐观。而且，他们都能说出一支铅笔至少有20种用途。

发散思维又是时间的延伸思维，即从现在、过去和未来三个时态进行思索，要突破眼前的限制，从历史或未来的角度思索问题。一个问题现在无答案，那就要考虑过去或将来是否有答案。要认识一个事物，不仅要认识它的现在，还要了解它的过去，更要预测它的将来。

1976年，加拿大的蒙特利尔市承办第21届奥运会，花费了35亿美元，亏损达到10亿美元。其后，蒙特利尔市的市民一直交纳"奥运特别税"，据说要几十年才能还清全部债务。

1980年的莫斯科奥运会耗费更是惊人，人们估计苏联政府为此开支达90亿美元之多。

数额如此庞大的支出，怎能不令人望而生畏呢？因此，到决定第23届奥运会的承办城市时，竟只有洛杉矶一个城市申请。

但这届奥运会的结果却出人意料。由美国人彼得·尤伯罗斯主持的第23届奥运会，共有140个国家和地区的7000多名运动员参加，观众达到570万余人。这届奥运会不但没有负债，而且还赢利两亿美元，创造了震惊世界的奇迹。

后来，美国《华盛顿邮报》记者采访了尤伯罗斯，问他是如何获得成功的。尤伯罗斯回答说，这要归功于他听了德波诺博士的思考法，即朝四面八方思考问题的解决方法。

尤伯罗斯提出的想法分为"节流"与"开源"两个方面。

"节流"方面有：

（1）这一届奥运会不像以往那样花费巨资去新建大批体育场馆，而是尽可能利用洛杉矶市已有的体育场地。

（2）这一届奥运会没有像以往那样花费巨资去新建供各国运动员下榻的豪华奥运村，而是利用了该市三所大学放假期间的学生宿舍。

（3）必须新建一个游泳池。尤伯罗斯以允许在指定场地营业和做广告为条件，说服了当地的"麦当劳"连锁快餐店，出资400万美元兴建了一座华丽壮观的游泳池。

（4）必须新建一个自行车赛场。尤伯罗斯以上面相同的条件，将这一"任务"交给了当地的"7-11"商店。

"开源"方面有：

（1）这届奥运会选择了30家"赞助"奥运会的厂商，这些厂商共出资了1.17亿美元。

（2）尤伯罗斯找来了50家供应商，从杂货店到废物处理公司一应俱全。这些供应商每家至少需要捐助400万美元。

（3）广播电台以往转播奥运会的体育新闻从来都不向奥委会交费。这一届奥运会以7500万美元的高价，将广播权出售给了美洲、欧洲和澳洲的一些国家的广播电台。

（4）让美国的三大电视网争夺奥运会的独家播映权，原本估计要价为1.5亿美元，但尤伯罗斯采取了"只出价一次"的竞赛投价办法，结果美国广播公司花了2.25亿美元才取得独家播映权。

（5）尤伯罗斯还想出了出售火炬传递接力权这一令人大为惊异和赞赏的办法。全程1.5万千米，火炬传递接力以每千米3000美元出售。

（6）这一届奥运会的标志"山鹰"，也被作为一种专利产品广泛出售。

尤伯罗斯被公认为是世界奥运会运动的一大功臣。有了他创造的一系列"新经验"，此后承办奥运会的国家和城市就不那么害怕"亏本"了，积极申请承办奥运会的国家和城市也越来越多。

尤伯罗斯在解决承办奥运会的经费这一难题的过程中，真正做到了从各个不同的方向，利用互不冲突的各种办法来思考。

联想发散思维的实质就是要不拘一格，提供新思路、新思想、新概念、新办法。所以，它是一种极为有效的创新思维方式。联想是无限的，不受时间和空间的限制。人们可以展开想象的翅膀，通过对历史资料的分析展现过去，描写历史事物的情景形象，又可以凭借无限的想象力认识未来，展现未来事物的形象。联想越超脱、越大胆，就越新颖别致，越富有创新价值。德国著名诗人歌德说："想象越和理性结合越高贵。"人的想象既要摆脱和冲破逻辑推理的束缚而展翅高飞，又要借助于严密的逻辑推理，对想象的产物进行审核筛选和加工制作，才能使其最后得以开花结果。

5. 驱动想象，寻求最佳的解决方案

在科学研究领域，许多问题的解决方案是无穷无尽的，只有大胆地打开思路，从不同的视角入手，努力追求多种答案，才能产生新思路。

发散思维是一种立体化的思维，它发出的思维光芒无确定的方向，也无确定的范围，既不受现有的思想束缚，也不受已有的知识限制，因此，它是一种完全开放型的思维。

日本江户时代，一位将军要到东照宫进谒天皇，不料出发前一天，

下了一场急雨，石砌城墙坍塌，挡住了进谒道路。道路狭窄，当地城主不得不想办法尽快把这些石头弄走。

虽然这位城主带了许多手下来做这件事，但却遇到了很大的麻烦。他像往常一样，命令工人抬来原木，放在地上，然后把石头放在上面，准备把这些石头运走。但因为大雨，原木嵌入了稀泥中，石头根本无法滚动。石头过于庞大，想把它抬走十分困难，并且已经用去了很长时间，看上去根本不可能在短时间内完成任务。

无论使用何种办法，都不能搬走石头。按照当时法律，不能使将军按时出发，城主会被判死罪。城主无计可施，决定剖腹自杀，以谢失职。这时，一名伊豆守救了他的性命。

伊豆守向城主建议，在石头周围挖洞，把石头埋起来。城主采纳了他的意见，在石头旁挖了一个大坑，将石头埋进去，最终得以让将军的人马顺利通过。

人们总是生活在自己的习惯里，用习惯的眼光看问题，用习惯的思路想问题，因此，眼光常常会受到限制、约束，思路也会变得狭窄。这时候，一个小小的改变就可能引起意想不到的效果。

20世纪40年代，匈牙利人发明了圆珠笔，由于它易于书写和便于携带，所以一经问世便风靡全球，这位匈牙利的发明家也因此发了财。然而好景不长，人们使用这种圆珠笔一段时间后就会出现漏油的毛病，还会弄脏纸张及衣袋。为此，圆珠笔上市一两年后就出现了销售危机。

圆珠笔的发明者及许许多多研究圆珠笔的人对于漏油问题都进行了反复深入的研究，大家发现，之所以会出现这个问题，是因为笔珠在书写时受到磨损，墨油会跟随磨损部位漏出来。许多人为此绞尽脑汁，却毫无成果，原因是大家都把注意力集中在了毛病出处——笔珠的研究上，拼命在提高笔珠的耐磨性上做文章。当他们增强了笔珠的耐磨性后，笔珠与笔杆接触的耐磨问题又出现了，顾此失彼，难点一直未能解决。

日本人中田藤三郎早就认识到圆珠笔是个很有发展前途的商品，如果能改进它的漏油问题，将会获得比匈牙利的发明者更多的财富。于是，他也投入到该难点的研究中。中田分析了圆珠笔的结构及出毛病的原因，也研究了许多人对改进漏油问题的失败原因，最后，他采取了逆向思维法，获得了成功。他再三声明他推出的新型圆珠笔绝不会漏油，消费者使用后证实也如此，因此，这种圆珠笔一举占领了世界圆珠笔市场，中田获得了远比匈牙利的发明者更多的财富。

中田的做法是在笔芯上做文章。他通过反复试验，统计当圆珠笔写到多少字后开始漏油，在掌握这个数字的基础上，他着手把笔芯的装油量减少，减少到圆珠笔磨损而开始漏油之前芯子中的笔油已经用完，这样，便无油可漏了。

笔芯的油用完了，可换支笔芯，圆珠笔可继续使用。就这样，中田巧妙地解决了漏油问题。而说其巧妙，无非就是换一个角度想问题。

事实确实如此。科学家能做出造福人类的科学发明，政治家能发动推动历史的政治革命，并不在于他们在智力上比我们聪明多少，而在于他们看问题的角度比我们巧妙，思考问题的方法比我们新颖。

6. 思维的广度决定成功的高度

一个高明的新设想的产生，往往是从大量的新设想中综合提炼而来的。没有量的积累，就没有质的飞越。摸索的方向越广、范围越大，最终成功的可能性就越大。

发散思维是空间拓展思维，它要求空间上的拓展，即对问题进行多方位、多角度、多层次的思维，也就是突破点、线、面的限制，从多种角度来探索问题。

20世纪，美国在发射载人宇宙飞船时碰到了一个技术难题，即如何保证宇宙飞船安全返回地球。宇宙飞船以大约每秒5英里的速度从太空返回时，会与大气层发生剧烈摩擦，这很有可能会让飞船上的大部分材料完全汽化，宇航员当然也无法幸免。当初，美国国家航空航天局认为问题的关键在于找到一个可以抵挡3500摄氏度超高温的材料，这是一种明确的答案预想。为了找到这样一种材料，美国国家航空航天局花费无数，但最后还是毫无收获，因为地球上没有一种材料可以抵挡住3500摄氏度高温而不被熔化。

当时很多人认为，既然整个地球上都找不到这样的东西，那这个事情是真的办不了。但后来事情有了戏剧性的变化，原来，科研人员放弃了找耐超高温材料的单一思路，用陶瓷制造出了一种可磨削隔热罩，在宇宙飞船重返大气层的过程中，让陶瓷制品逐步燃烧。在它汽化时，宇宙飞船后面的那条气带也带走了飞船和宇航员周围的热量。

这个最终解决问题的方案与最初的设想完全不同。该方案虽然达不到在超高温下宇宙飞船的某些材料不被汽化的条件，但它通过飞船材料的局部汽化带走热量的方式，解决了整个飞船和宇航员不陷入高热量状态且安全返回的核心问题。

发散思维为发明创造开辟了一条广阔的道路。发明创造没有现成的路可走，有很多发明创造是靠全方位、多角度、多层次思考，才最终找到解决问题的办法的。如果我们固于一种思路、一种角度，就会极大地限制住我们的创造力。

在德国有一家零售商店的名字叫"阿尔迪"，很多人可能不知道谁是德国总理，但是一定知道"阿尔迪"。这家零售商店的创始人叫特奥。

1948年，特奥的母亲去世后将一家小商店留给了特奥和他的哥哥。这一年，特奥25岁，哥哥卡尔27岁。两兄弟使出浑身解数，把小小的店面扩大，还开了几家分店。可是，由于他们的资金有限，所以店面比较破旧，只能卖一些点心、罐头、汽水一类的小东西。到了年终一算账，除去成本，所剩无几。

两兄弟对这种情况很不理解，常常坐在一起讨论。

哥哥问："同样是开小商店，为什么有的赚钱，有的折本，有的挣大钱，有的挣小钱？"

特奥说："这是因为经营方法不同，所以有的挣大钱，有的挣小钱。"

哥哥卡尔点头说："这倒是个道理。只要经营得法，小本钱也可以挣大钱。"

"关键是要找到经营的窍门。"

"经营的窍门是什么呢？"

特奥想了半天答不上来。兄弟俩又讨论了半天，还是没有找到经营的窍门。最后，他们决定到外面去看看别人是怎么经营的。

第二天，兄弟两人安排好店里的事情，骑上自行车，在大街小巷里转来转去，看看别人是怎样经营的。他们只要看到商店都会进去看看，了解别人的经营情况。可是一连转了三天，什么有用的经验都没有发现。但他们并不灰心，特奥认为，如果经营的窍门那么容易找到，那天下的人不都能成为富翁吗？

于是，兄弟两个振奋精神，继续寻找致富的窍门。

一天，他们来到一家"消费商店"，只见那里顾客盈门，很多人的手里都拿着大包小包的东西，好像被这家商店的东西迷住了似的。这种情况引起了特奥兄弟的注意，于是他们进到店中仔细观察。

在商店的门口，一块精致的告示牌上清晰地写着："凡是在本店购买商品的顾客，请您务必保管好购物的发票，年终的时候可以凭发票免费选取款额为30马克的货物。"他们把告示看了一遍又一遍，突然间明白了其中的道理。窍门找到了，兄弟俩非常高兴。回到家里，他们就商量起具体的操作办法来。

特奥说："这家商店之所以这样兴隆，靠的就是那个告示，很多顾客就是希望得到那价值30马克的免费赠品，才不断地从他们那里买东西。如果我们'阿尔迪'也采用这种方法，很快就会兴旺起来。"

卡尔说："你的主意不错，但我们不能照虎画猫，应该照猫画虎。"

特奥说："你的意思是说，我们的商店从开始的时候就让利3%，这样就比消费商店更便宜了。"

"就是这个意思。我们让出一年的那一点点利润，就可以提前售出那3%的商品，这样，我们就可以招揽更多的顾客，说不定生意比消费商店还要兴隆呢。"

就在第二天早上，"阿尔迪"商店门口贴上了这样一张大红告示：

"本店从今天开始实行让利3%，如果哪位顾客发现本店出售的商品不是全市最低价，并且所降低的价格不到全市价格的3%，可以到本店退回差价，本店将给予适当奖励。"

没过几天，"阿尔迪"商店门口就出现了奇迹，家家"阿尔迪"商店都生意兴隆，门庭若市，营业额很快就增加了几倍。

可是，特奥兄弟对此并不满足，因为他们发现，来"阿尔迪"购买东西的顾客大都是附近的农民，这说明他们的经营范围有很大的局限性，必须让更多的人知道。为此，他们在报纸、电台等传媒上做广告，让更多的人知道"阿尔迪"商店是全市最便宜的。

不久，"阿尔迪"就出现了购物热潮，仓库的库存几乎为零，特奥兄弟成天忙着满足顾客的要求和组织货源，保证供应，很快便又在城里开了十多家"阿尔迪"连锁店。

"阿尔迪"的知名度不断提高，很多人都知道"阿尔迪"的商品最便宜，市民、失业工人等都成了"阿尔迪"的忠实顾客。

为了迅速扩大战果，特奥兄弟把"阿尔迪"连锁店开到了四面八方：汉堡、科隆、波恩、杜塞尔多等地方很快都出现了"阿尔迪"。在这个时候，"阿尔迪"的陈设比较简单，装潢也比较简单，营业的面积也不大，但由于价廉物美，生意特别兴旺。

经过一段时间，"阿尔迪"的规模逐渐变大，北起弗伦斯堡，南到阿尔卑斯山的加米斯小镇，到处都是"阿尔迪"连锁店。

特奥兄弟之所以能获得成功，是因为他们善于在原来的基础上开拓思维的深度和广度，并正确地指导实践。没有知识的思考是低层次的思考，没有思考的知识是僵死的知识。因此，思维的广度决定了成功的高度。

7. 集思广益，让头脑来场风暴

头脑风暴是培养发散思维的一个有效工具，运用得好，有助于解决难题。所谓头脑风暴，就是指一群人围绕一个特定的问题展开讨论。当参加者有了新观点和想法时，就可以先说出来，没有任何拘束，大家可以自由思考，进入思想的新境界，围绕一个中心点发散性地萌生很多新观点和解决问题的方法。所有的观点都会被记录下来，但不进行评估，当头脑风暴结束之后，再对这些观点和想法进行评估。

有一年，美国北方格外寒冷，大雪纷飞，电线上积满了冰雪，大跨度的电线常被积雪压断，严重影响了通信。

过去，许多人试图解决这一问题，但都未能如愿。后来，电信公司经理召开了一场能让头脑卷起风暴的座谈会，参加会议的是不同专业的技术人员，要求他们必须遵守以下四项基本原则：

第一，自由思考。即要求与会者尽可能解放思想，无拘无束地思考问题，尽可能地畅所欲言，不必顾虑自己的想法或说法是否合适或荒谬。

第二，延迟评判。即要求与会者在会上不要对他人提出的设想评头论足，不要马上赞赏，也不要马上批评。对设想的评判，要在会后专门组织进行。

第三，多多益善。即鼓励与会者尽可能多而广地提出自己的设想，以大量的设想来保证质量较高的设想的存在。

第四，借题发挥。即鼓励与会者进行智力互补，在增加自己提出的设想的同时，注意思考如何把两个或更多的设想结合为更完善的设想。

按照这样的原则，大家七嘴八舌地讨论起来。有人提出设计一种专用的电线清雪机；有人设想用电热来融化冰雪；也有人建议用振荡技术来清除积雪；还有人提出带上几把大扫帚，乘坐直升机去扫电线上的积雪，或者用直升机直接"扇雪"。不到一个小时的时间，与会者共提出了90多条设想。

会后，公司组织专家对大家的设想进行了分类论证。经过现场试验发现，用直升机"扇雪"完全可行。就这样，一个久悬未决的难题，在头脑风暴的帮助下解决了。

从上例可见，头脑风暴就是让参与者敞开思想，使各种设想在相互碰撞中激起脑海的创造性"风暴"。头脑风暴法不仅能帮助人们提出新的观点，还可以让人们付出很少的努力就能得到新的观点。

从2004年8月5日开始，北京奥运会吉祥物面向全世界征集作品。2004年12月15日，由24名在艺术、文化领域具有杰出成就的专家学者，对662件吉祥物有效参赛作品进行艺术评选。17日，由10名中外专家组成的推荐评选委员会，对进入推荐评选阶段的56件作品进行审阅和评议。大熊猫、老虎、龙、孙悟空、拨浪鼓以及阿福6件作品被定为吉祥物的修改方向。在集思广益的基础上，由修改创作小组组长、著名艺术家韩美林执笔，最终完成了吉祥物方案的设计。

"五一"期间，韩美林根据各方提出的修改意见，对"中国娃"方案进行了进一步的修改完善，提出了以北京传统风筝"京燕"造型代替"龙"造型的修改方案。在表现手法上，将申奥会徽毛笔的笔触和奥运会会徽中国印的感觉相结合，大胆地用中国传统水墨画的手绘技法，重新勾画了五个福娃的形象，突出了吉祥物生动活泼的性格特质，在整体形象的艺术表现方面有了重大突破。至此，北京奥运会吉祥物形象定位基本完成。

对待难题的思考，前期进行思维发散，后期进行思维集中，这是必要的两个阶段。也就是要先运用思维发散，提出大量的设想来，然后再运用集中思维，对提出来的这些设想进行筛选审查和提炼加工，选出最佳方案。通过发散思维所得到的种种设想，它们量的多少与质的优劣，会直接关系到整个创新思维与实践过程的成败。

可以这样说，每个人都有自己优势的一面，都有自己的智慧和经验，把大家的经验聚在一起，就形成了智慧的海洋。我们在处理比较复杂棘手的问题时，一定要深思熟虑，但一个人的思路毕竟有限，所以，不妨听听来自各方面的意见，权衡利弊，综合判断，得出正确结论。集思广益，广泛地听取别人的意见，对于成功是大有裨益的。

第五章

超前逻辑——
提前奠定成功之势

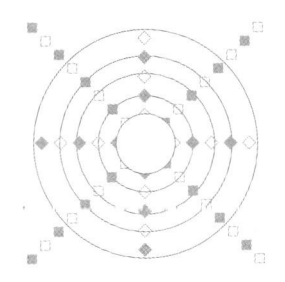

1. 鹰的眼光，早走一步奠定优势

超前的事物，必然是个新事物。而新事物，总得有人去冒险、去探索。想要探索新生事物，不仅需要勇气，也需要超前意识，这样才能早走一步，为自己奠定一定的优势。

洛克菲勒家族就曾以超前的眼光种下过一粒谋略的种子——那是第二次世界大战结束不久，战胜国决定成立一个处理世界事务的联合国。

可在什么地方建立这个总部，一时间令人颇费思量。地点理应选择一座繁华的城市，可在任何一座繁华的城市购买可以建立联合国总部的庞大土地都需要很大一笔资金，而刚刚起步的联合国总部的每分钱的花费都要慎之又慎。

就在各国首脑为此犯难的时候，洛克菲勒家族听说了这件事，立刻出资870万美元在纽约买下了一块地皮，并在人们的惊诧中无条件地将其捐赠给了联合国。

联合国大楼建起来后，四周的地价立刻飙升，洛克菲勒家族在买下捐赠给联合国的那块地皮时，也买下了与这块地皮毗邻的全部地皮。没有人能够计算出洛克菲勒家族凭借毗邻联合国的地皮获得了多少个870万美元。

洛克菲勒家族收获了满园果香，就是因为他们种下了一粒谋略的种子。这是一种睿智，也是一种胆识，更是一种超前的眼界。

在20世纪80年代初，绝大多数美国大公司还未认识到即将到来的全球性严酷竞争的挑战之时，杰克·韦尔奇就已经意识到了美国大公司再也不能依赖身边这个世界上最大的市场而生存了。因此，他一上任就呼吁其同行要把通用电气公司的未来"放在全球性竞争环境之中来考虑"。

尽管早在20世纪70年代，美国的钢铁、汽车等行业就品尝到了日本、西欧企业的猛烈冲击之苦，但美国大公司的领导们依然坚信，20世纪80年代将只是60年代、70年代的翻版，只要美国经济形势好转，只要在他们那传统的工业习惯基础上增加一些新的附属物，那么，他们的公司就仍然会像以往一样强大。

与众不同的是，韦尔奇以他那敏锐的直觉和深刻的思维认识到：通用电气公司和其他美国大型公司若想在全球性经济迅速变化的环境中求得生存，就必须有新的思维方式和战略眼光。因为在这种环境中，毁灭性的竞争不仅仅来自国内活跃在高科技领域的新兴企业，更有来自海外的竞争者。

船大抗风浪，大公司确实很少破产，但这并不意味着公司的排列顺序是绝对不变的。正像一个旅店可以永远住满旅客，然而旅客却总是在更换一样，最大公司的名单也在不断变动。

1909年美国10家最大公司，到1984年已没有一家仍然在前十之列了。从国际比较的角度来看，美国公司使对手们相形见绌的局面已大为衰微。1970年，世界100家大型工业公司中，美国占64家，欧洲占26家，日本只占8家；到1988年，美国降为42家，欧洲有32家，日本有15家。制造业以外的领域也出现了类似的趋势。1970年，全世界50家大银行中，北美占19家，欧洲占17家，日本上升至24家；服务业的前10家大公司，日本独占9家。

由此不难发现，许多曾在各自行业里叱咤风云、独占鳌头的巨头公司，已成为明日黄花。这表明，即便是大公司，除非它能在变动的市场和技术上取胜，否则终将被后来的竞争对手超越过去。

韦尔奇认为，经营环境正在迅速改变，全球化不只是目标，更是必须马上采取行动的事情，因为市场开发已经使得地理上的疆界变得越来越模糊，甚至无关紧要。公司与公司之间的联合，不管是合资、成立新公司或是并购，都将是竞争或策略的产物，而不像过去是出于调整财务结构的需要。

韦尔奇立志要将公司变成一个完整的、名副其实的国际性企业王国，并以"三个圆圈"产业战略为中心，力图制订并实施跨国界的生产、销售、金融等活动的经营战略，其目标是全球范围内的市场。

1980年，也就是杰克·韦尔奇成为通用电气公司的首席执行官的前一年，通用仅有两家战略性的事业部——塑胶和飞机发动机真正实现了全球化。通用资本服务公司过去只是在美国进行过资产投资，其他业务或多或少地有全球性销售业务，其中两项业务——飞机引擎和动力系统规模较大。但是，这些基本上都属于出口业务，相关设施无一例外都在美国。

有趣的是，韦尔奇并不是一夜之间就决定加快通用电气公司全球化步伐的。

真正使通用电气公司启动全球性业务的是副董事长保罗·弗里斯科，他在通用电气公司被称为"全球化先生"。当时保罗·弗里斯科早已感觉到全球化的必要性，但他认为在通用电气公司集中全力展开国际化运作之前，必须结束"改革、关闭或出售"的阶段。"如果在母国没有坚实的基础，将难以跨入全球化的时代。一旦基础已经稳固，我们将立即行动。"

在全球化的进程中，通用电气公司将欧洲放在了首要位置。从20世纪80年代末起，通用电气公司在欧洲投资了近100亿美元，其中一半用于收购。

韦尔奇的全球化革命始于1987年夏。当时他在半个小时内就与法国最大的电器公司汤姆逊公司的总裁阿兰·戈梅斯敲定了一笔交易，通用电气公司以其电视机事业部交换汤姆逊的一家专营医用成像设备的公司。这桩交易标志着通用电气公司进入欧洲市场和其全球化计划的开始。此后，通用电气公司迅速向其他海外市场扩张。

韦尔奇说："当你看见那些因为获得了这些工作机会生活水平明显提高而两眼发亮的人们时，全球化给人的感觉从来没有那么好过。"

全球化一直是通用电气公司的艰巨任务，通用电气公司的每个新业务都要经历"通用电气的文化洗礼"。正如西班牙的通用塑胶厂一位主管所说，通用电气公司"更多的是培养文化，而不是建立工厂"。

韦尔奇正是凭借着自己超前的眼光，率领美国工业界一扫20世纪80年代初被日本企业步步紧逼、难以招架的颓势，重新夺回了美国制造业的领导地位，他本人更以领导通用电气公司20年辉煌发展的不俗业绩赢得了"领导艺术大师"的称号。

2. 洞察力是远见的前提

在事业上能够成功的人，基本上都具备敏锐的眼光，他们总是可以洞悉到市场的变化，然后牢牢把握住机会，以先人一步的勇气与胆魄，成功地开创属于自己的一片新天地。

犹太巨富罗斯柴尔德的三儿子尼桑，年轻时在意大利从事棉、毛、烟草、砂糖等商品的买卖，很快便成了大亨。这位传奇人物的表现很让人称道，但最使人称奇的是，仅仅在几小时之内，他就在股票交易中赚了几百万英镑。

1815年6月20日，伦敦证券交易所一早便充满了紧张气氛。由于尼桑在交易所里是举足轻重的人物，而交易时他又习惯靠着厅里的一根柱子，所以大家都把这根柱子称为"罗斯柴尔德之柱"。现在，人们都在观望着"罗斯柴尔德之柱"的一举一动。

就在6月19日，英国和法国之间进行了关系两国命运的滑铁卢战役。如果英国获胜，毫无疑问，英国政府的公债将会暴涨；反之，如果拿破仑获胜，则必将一落千丈。因此，交易所里的每一位投资者都在焦急地等候着战场的消息，只要能比别人早知道一步，哪怕半小时、十分钟，也可趁机大捞一笔。

战事发生在比利时首都布鲁塞尔南方，与伦敦相距非常遥远。因为当时既没有无线电，也没有铁路，除了某些地方使用蒸汽船外，主要靠快马传递信息。而在滑铁卢战役之前的几场战斗中，英国均吃了败仗，所以大家都对英国获胜没有抱太大的希望。

这时，尼桑面无表情地靠在"罗斯柴尔德之柱"上开始卖出英国公债。"尼桑卖了"的消息马上传遍了交易所，于是，所有人都毫不犹豫地跟进，瞬间，英国公债暴跌，尼桑继续面无表情地抛出。正当公债的价格跌到最低谷时，尼桑却突然开始大量买进。

交易所里的人都被他弄糊涂了，这是怎么回事？尼桑玩的什么花样？追随者们方寸大乱，纷纷交头接耳，正在此时，官方宣布了英军大胜的捷报。

交易所内又是一阵大乱，公债价格持续暴涨，而此时的尼桑却悠然自得地靠在柱子上欣赏这乱哄哄的一幕。

表面上看，尼桑似乎在进行一场豪赌。如果英军战败，他就会损失一大笔钱。但实际上，这是一场精密设计好的赚钱游戏。

滑铁卢战役的胜负决定了英国公债的行情，这是每一个投资者都十分明白的，所以每一个人都渴望比别人抢先一步得到官方情报。唯独尼桑例外，他根本没有想依靠官方消息，他有自己的情报网，可以比英国政府更早了解到实际情况。

罗斯柴尔德的五个儿子遍布西欧各国，他们视信息和情报为家族繁荣的命脉，所以很早就建立了横跨全欧洲的专用情报网，并不惜花大钱购置当时最快最新的设备，从有关商务信息到社会热门话题无一不互通有无，而且情报的准确性和传递速度都超过了英国政府的驿站和情报网。正是因为有了这一高效率的情报通信网，才使尼桑比英国政府抢先一步获得滑铁卢的战况。

可见，信息可以决定财富，所以，我们应该形成对信息的高度重视与敏感。但需要注意的是，一旦我们掌握了信息，接下来的一步就是科学地鉴别，对它们进行分析、比较、综合的验证。而千万不要让主观因素影响到鉴别的准确度，一定要客观再客观，沙里淘金，去伪存真。

3. 正确的预见等于成功了一半

古语说："凡事预则立，不预则废。"意思是说，不论做什么事，事先有准备更容易获得成功。的确，一个"思接千载"的人，必然能够"视通万里"；而一个没有预见性的人，当然就不会有什么远大的人生目标。

预见力是指一个人思考未来的能力。想要得到良好的发展，远见卓识是必不可少的。只有具备远见卓识的人，才能看清前进的方向，把握住时机，才能见机而行、相时而动，进而取得成功；相反，如果太急功近利，就无法用发展的眼光看问题，不会考虑自己的长远目标，如此，自然也就无法把握住时机。

被誉为"塑胶大王"的王永庆领导的台塑能取得今天这样的成就，没有相当的远见是做不到的。一些企业在不景气的时候都以压缩投资、减少生产来摆脱困境，而王永庆却有着超人的气魄和与众不同的见解。他说："经济不景气的时候，可能也是企业投资与扩展计划的适当时机。"在台塑建成初期，他们生产的PVC塑胶粉卖不动，主要原因是客户对台塑产品的质量不了解，造成了产品的积压。而王永庆不仅不退缩，反而决定扩大生产，日产量由原来的100吨增加到200吨，实现了规模生产，使生产成本大大降低，销售价格也随之下降。这样一来，产品的销量大大增加，库存积压的问题也得到了解决。

1980年，美国石化工业普遍陷入低谷，许多石化厂关闭停产。而王永庆这时却偏偏到美国投资建石化厂，同时还买下了两个石化厂、几个PVC加工厂。王永庆这一招后来确实得到了丰厚的回报，令他的同行佩服不已。

见识少的人，面对纷繁复杂的情况，只会焦头烂额，手足无措；而见识多的人，不但能游刃有余，应对自如，还能从中看到潜在的机遇、成功的曙光。

"船王"包玉刚进入船运业的时间是1955年，当时他用20多万元买了一条旧船——"金安号"。这一惊人之举遭到了几乎所有亲友的强烈反对，因为船运业不仅需要庞大的资金，而且风险极大。但是，包玉刚力排众议，毅然投身船运业，因为他看到了在香港经营船运的巨大潜力。

香港有天然的深水泊位和充足的码头，香港平静的海面为国际贸易提供了可靠的大门。第二次世界大战之后，世界经济复苏，各地之间的贸易往来增多。"船运是最廉价的一种运输方式，必将大有作为。"包玉刚坚定地认为。

正是这种高瞻远瞩让包玉刚有了巨大的收获。到1978年，包玉刚经过20多年的苦心经营，已拥有50多条船、2000万吨运输能力的庞大船队，荣登世界"船王"宝座。但就在这巅峰之时，包玉刚又做出了令全球惊讶的决定：减船登陆！因为他又以极其敏锐的眼光，预见到世界性的船运衰退即将到来。于是，他当机立断，及时卖掉了一部分船只，这使他顺利地躲过了后来船运大萧条时期的灾难。

远见会给你带来巨大的利益，为你打开机会之门。当我们的工作是实现远见确定的目标时，每一项任务都会变得很有价值。哪怕是最单调的任务也会给你满足感，因为你看到更大的目标正在实现。

刚刚大学毕业的凯特才貌平平，从表面上看不出有什么过人之处。当她被一家知名公司录用为销售人员后，公司的职员都感到不可思议。按照往常的逻辑判断，以凯特的条件，她根本不可能打败众多前来公司应征的对手。

凯特在公司工作一年后，副总经理的专职秘书因故辞职，工作必须有人接手打理。现招现聘显然来不及，况且，副总经理的脾气和工作习惯不是随便一个人就能适应的，虽然觊觎那个职位的人很多，但谁都没有太大的把握。令人想不到的是，人事部门最终选中了凯特做副总经理的秘书。幸运之神再一次眷顾了凯特，公司上下都对凯特羡慕不已。

一天，同事艾玛问凯特："能告诉我，你为什么这么幸运吗？"

凯特笑着说："接到面试通知的时候，距离面试还有两天，我用这两天的时间去查阅了公司资料，充分了解了公司的背景、产品、新闻等，做好了随时上班的准备，这样做自然提高了我被录用的机会。至于为什么我一个小小的销售人员能够接任副总经理秘书的职位，那是因为我花了大量时间和精力去观察公司中每个领导的工作态度。我知道前任秘书每天早晨会给副总经理泡一杯意大利咖啡，不加糖；下午两点半左右，换成茉莉花茶；给副总经理的办公桌上摆一束鲜花；在副总经理情绪不好的时候，绝对不能进他的办公室。"艾玛恍然大悟，原来前些天前任秘书请假后这些事情都是凯特在做。凯特为什么会得到公司领导的肯定？如果她每天不对领导的工作流程和脾气秉性细心观察，就不可能获得秘书的职位。她善于理解领导的心意，具备察言观色的能力，得到副总经理秘书的职位也是无可厚非的。凯特的好运是自己精心策划的结果，也印证了这句话："机会总是留给有准备的人。"

眼界有多广，你的世界就有多大。红顶商人胡雪岩曾说过："做事一定要看大局，你的眼光看得到一省，就能做下一省的生意；看得到一国，就能做下一国的生意；看得到国外，就能做下国外的生意；看得到天下，就能做天下的生意。"

行动来自理念的导向，未来有赖于眼光的指引，任何事情，只有你想不到的，没有你做不到的。不要忽视眼光和理念的价值，它常常是成功与失败的分水岭。在商云变幻之际，只有敏锐地透视未来，准确地预测走势，果敢地决断风险，才能先人一步取得成功。

4. 防患未然，不要把鸡蛋放进一个篮子

股神巴菲特似乎是股票市场的异类，他总是选择和别人不一样的道路，当然，这也是他能成为股神而别人做不到的原因。在他看来，分散投资没有任何成效，不如集中起来，这样可以保证利益的最大化，而他也的确是这样做的，比如他所持有的可口可乐公司的股票，一直以来都在为他创造不菲的利润。但在其他炒股人士看来，将鸡蛋全部放在一个篮子里显然太过冒险，因为这意味着多数情况下，我们只有一次赢的机会，当然也只有一次输的机会。

我们毕竟不是巴菲特，不是被万人敬仰的股神，他的成功不是能够轻易复制的，所以没有必要仿效他的做法，因为我们中的多数人都输不起。将资本集中起来的好处固然是能够有效地利用资源，但风险往往也会随之加大，我们规避风险的机会和能力也会大大降低；而将资本分散开来，则可以很好地分散风险，降低失败的压力。投资并不是单纯的赌博，不是一局分胜负的运气游戏，它需要精细的估算和隐秘的策略，即便是一个风险偏好者，也不应该贸然将所有的资本当成一个筹码来使用。很多时候，我们需要谨慎一些，需要有忧患意识，虽然没有人能够准确预料到接下来会发生什么，但至少每个人都可以更好地做一些防备工作。投资当然是为了得到最大化的效益，不过，我们必须时时考虑那些潜在的风险，尤其是当我们没有十足的把握去获得应有的收益时，更应该保持冷静的态度，不要盲目下赌注，更不要轻易把所有的鸡蛋放在一个篮子里。

尼采说过这样一句话："兄弟，如果你是幸运的，你只需有一种

道德而不要贪多。这样，你会过得更容易些。"抛开道德不说，没有人会拒绝得到更多，但问题是，你可能会失去更多，甚至就此一无所有。你的赌注越集中，也就意味着你所承担的风险越集中，你不懂得分散篮子里的鸡蛋，也就不懂得去保护所有鸡蛋的安全。

110米跨栏的巨星刘翔一直以来都受到了国内外各商家的关注，出色的战绩、优秀的竞技能力、良好的社会形象以及巨大的中国市场，这些都为刘翔积聚了众多的人气，而众商家也正是因为看到了这种巨大的明星效应，才纷纷找刘翔做代言，因为在他们看来，这是稳赚不赔的投资方案。2008年也许是刘翔人气最高的一年，因为奥运会就在北京举办，作为东道主国家的运动员，刘翔更容易成为大家关注的人物，而且大家都希望、也都看好刘翔能够在家门口卫冕冠军，所以一时间，刘翔成了当年最耀眼的体坛明星之一。耐克公司拥有丰富的市场运作经验，作为刘翔的签约公司，它一直都希望把握好北京奥运会这个绝佳时机，于是不遗余力地进行广告宣传，尽量借着奥运舞台和刘翔来扩大自己的声势。

当然，谁也不敢打包票说刘翔一定能够获得成功，竞技体育上的事总是风云变幻，所以耐克公司早就做了两手准备：一方面，必须做到以防万一，刘翔卫冕失败的风险必须加以考虑和防范，以便做出及时有效的调整；另一方面，耐克公司还将精力转移到了美国篮球"梦八队"身上，队中众多的超级明星和偶像拥有巨大的市场号召力，更重要的是，这一届美国男篮实力超群，大家都看好美国队，认为他们能够重新夺回奥运冠军的奖杯。不仅如此，一些"草根"运动中也出现了耐克的身影，可以说，耐克虽然实力雄厚，却依然懂得如何控制和分散潜在的风险。

事实上，当所有人都关注刘翔赢或者输的时候，赛场上出现的情况出乎了所有人的意料——刘翔因伤临时宣布退赛。这几乎成了北京奥运会上最受关注的事情，在全世界也引起了轩然大波。那些签约公司也因此受到了很大的影响，许多公司因为孤注一掷，没有应急措施，结果损失严重，而耐克公司则没有受到那么大的冲击。事发12小时后，耐克就紧急推出了一个新广告——"爱运动，即使它伤了你的心"。因为处理及时，防范到位，刘翔的退赛并没有给耐克造成多大的影响，而美国"梦八队"的成功登顶已经保证了耐克公司能够大赚一笔。

面对不可预知的风险，耐克公司依据丰富的经验，很好地分散和躲避了潜在的威胁。

没有人能够保证自己做到万无一失，也没有哪个人能够保证自己会在投资中始终占据先机，那些不可预知的风险是客观存在的，哪怕只有百分之一的可能，我们也不能轻易忽略掉，因为从胜负的角度来说，依然是一半对一半的比例分配。

投资需要勇气，但也需要细心和冷静的头脑，多数时候，我们根本输不起，所以不应该也不值得去孤注一掷。很多时候，我们需要看得更长远一些，需要具备强烈的危机意识，从而谨慎地给自己留下足够多的选择方案。分散开来固然会减小每一种资本的利用价值，但也反过来分散了风险，提高了承担风险的能力，给予我们更多的安全保障。譬如理财，理财专家们绝对不会建议别人将所有的财产全部存入银行，或者全部用于投资，这样的做法实在太过冒险，其中任何一种处理方式都具有不可预知的风险，而这显然是理财的大忌。财产应该合理进行规划和支配，部分用于储蓄，部分用于支出，部分用于投资，部分用于购买保险。这样一来，就可以避免出现单一的支配方式，也能使财产安排达到相对平衡的状态。当我们将所有的鸡蛋都放在一个篮子里时，就人为地将自己置于了"非赢即输"的极端境地。

当然，如果恰好结果是赢，那么这时的效益显然会是最大的；但事实上，我们很难达到利益的最大化，一旦发生了意外，我们面对的将是最坏的结果。

好的投资逻辑通常是一种平衡稳定中的趋利选择，因为存在各种不可预测的风险，那种理想化的最大化效益常常难以实现。只要遇到不确定性因素，就应当保留各种可能性。数学模型中有一个最大熵原理：在任何情况下，我们的预测都应当满足全部已知条件，不要对那些未知的情况做出任何主观假设，不要主观地认为这些小概率事件可以忽视。这实际上不利于风险规避，只有概率、时间分布最均匀，风险才会最低。换句话说，只有当每一种可能性都有所考虑和顾及时，你所承担的风险才能降到最低。

5. 成功捷径，总比别人快一步

商场即战场，打仗讲究兵贵神速，做生意也要讲究快。机会来临时不要犹豫，马上行动，这是你走向成功的必经之路。

巴鲁克，著名的美国犹太实业家。他在30岁时就成了让人羡慕的百万富翁。他知识丰富，聪明过人，曾被美国政府委以多项重任。他的发迹，应归功于他那迅速的行动能力。

1898年，正在迅速崛起的美国和老牌帝国主义国家西班牙进行了一场战争。西班牙威名远扬的舰队远征美洲，却在圣地亚哥附近被美国海军一举击败。

这天晚上，巴鲁克从广播里听到了这一消息，知道各地证券市场的美国股票将会大幅度上扬，于是连夜向自己的办公室赶去。

其实，第二天是星期一，按照美国证券交易市场的规矩，星期一是不开盘的，但英国的证券市场却会照常营业。他这么着急赶回去，就是要通过长途通信着手运作自己的股票资金。可时间实在是太晚了，通往纽约的客运火车已经没有班次了，巴鲁克却毫不犹豫地租下一列专车，终于在黎明之前赶到了自己的办公室。当伦敦股市开始交易的时候，他果断地卖出买进，做成了几笔"大生意"，财产得到大幅升值，而他也因此而声名鹊起。

巴鲁克的经商经历最能说明犹太生意人的原则：如果能够比别人更早一步，便总是能够及时抢占制高点。

历史经验证明：能否做到快一步，往往能决定一件事情的成败。

1961年，在西方的电视媒体上出现了"我就是雀巢咖啡"的广告，这是向世界饮料市场宣战的公开信。但在日本市场，雀巢咖啡的价格很贵，并且日本人过去也没有饮用咖啡的习惯，所以，雀巢咖啡在日本的销量很有限。

价格历来是商品的重要因素，所以价廉物美成了推销商品经久不衰的广告词。当时，每瓶雀巢咖啡卖180日元，而当时日本每小时工资才90日元。于是，雀巢咖啡做了一个广告，企图消除人们心日中雀巢咖啡"贵"的印象。这一行动取得了很好的效果，成了广告学中的经典之作。可是，无论怎么努力，日本的咖啡市场就那么大，群雄逐鹿，杀得难解难分。

机会终于来了。

1964年，咖啡豆的主要产地巴西出现了少有的大霜冻，产量只有常年的三分之一，咖啡的原料大幅度涨价，很多咖啡企业不得不靠涨价来维持生存。可喜的是，雀巢咖啡实力比较雄厚，还能维持原来的价格，不过，只是尽量减少销售，以免造成更大的损失。但是，由于咖啡的销量不大，雀巢咖啡的市场占有率还是不尽如人意。

1965年，雀巢公司收集到准确情报，当年全世界的咖啡豆可望获得极好的收成。这是一个抢占市场份额的绝好机会。于是，雀巢咖啡宣布降价，这一举动立即得到了消费者的积极响应，雀巢咖啡当年的市场份额达到了20%。

商场竞争如同弈棋，一招失先，则步步落后，到时就需要花费很大的努力才能扭转被动局面。如果你能一招占先，则步步主动，利于掌握全局。

在美国伊利诺伊州的哈佛镇，有群孩子经常利用课余时间到火车上卖爆米花，一个10岁的小男孩也加入了这一行列。他不但卖爆米花，还往爆米花里掺入奶油和盐，使其味道更加可口，所以，他的爆米花卖得比其他孩子好。他懂得如何比别人做得更好，创优使他成功。

当一场大雪封住了几列满载乘客的火车时，这个小男孩赶制了许多三明治拿到火车上去卖。虽然他的三明治做得并不怎么样，但还是被饥饿的乘客抢购一空。他懂得如何比别人做得更早，抢占先机使他成功。

当夏季来临，小男孩又设计出了能挎在肩上的箱子，里面放着特制的蛋卷，蛋卷的中间还有冰激凌。结果，这种新鲜的蛋卷冰激凌备受乘客欢迎，他的生意非常火爆。他懂得如何比别人做出有新意的东西，创新使他成功。

当车站上的生意红火一阵后，参与的孩子越来越多，这个小男孩意识到好景不长，在赚了一笔钱后便果断地退出了竞争。果然，孩子们的生意越来越难做。不久，车站又对这些小生意进行了清理整顿，而他因为及早退出没有遭受任何损失。他懂得如何比别人更清醒，及时抽身使他成功。

一个比别人做得更好、做得更早、做得更新、做得更清醒的人，一个懂得如何创优创新、抢占先机并及时抽身的人，怎么可能不拥有人生的成功呢？

后来，这个小男孩果然成了一个不凡的人，他就是摩托罗拉公司的创始人和缔造者——保罗·高尔文。

在同样的机会下，谁快谁就能赢得机会，谁快谁就能赢得财富；在机会不同的条件下，后来者要用速度赢得时间，赶上前面的领先者。在竞技场上，冠军和亚军的区别可能只有0.1毫米或者0.1秒钟，但它却决定了两个人不同的命运。

只要具备锐利的眼光，肯吃苦耐劳，成功的钥匙就在你手中。

6. 思维有多远，机遇就有多大

生存的价值和质量是由我们所做的事情决定的，此时此刻，你正在做的事就决定了你的生命是停留在原地，还是迈向未来。虽然同是处在2016年，但如果有人已经在思维的模式和行动上超越了现在的年份，那么他就将取得超越其他人的巨大成就。所以，对每一个人来说，最重要的不是我们现在身在何处，而是我们的想法在哪里，我们的事业在哪里,我们的宏观格局就在哪里。

汉堡大王雷·克罗克通过让世界品尝美国风味而成了巨富。他创造了一个令全世界震惊的麦当劳奇迹,而他艰难的创业史本身也是一个奇迹。目前,麦当劳快餐已成为全世界快餐业的同义语,而雷·克罗克的名字,也成了麦当劳的同义语。

克罗克1902年10月5日生于芝加哥一个中低收入家庭。第一次世界大战期间,克罗克高中没有毕业,便入伍随军到法国参战,战后回到了芝加哥。他在乐团里弹过钢琴,在纸杯公司做过推销员,做过房地产公司的业务员,后来又推销搅拌器。他就这样足足干了17年,但一直业绩平平。

1954年,克罗克在洛杉矶以东50千米的圣伯纳迪诺市,遇见了当地一家快餐厅老板——麦当劳兄弟麦克和迪克。两座白天闪耀在阳光下、夜晚闪耀在耀眼夺目的灯光下的黄色拱门,和拱门下如潮的人流,让克罗克惊呆了。

麦当劳兄弟的汉堡包餐厅效率至上,服务快捷,没有浪费,干净整齐,不用碗盘,顾客只需付上15美分,等上15秒便可买到一份已经配好标准调味料的标准汉堡包。这太让克罗克动心了,他预见到了麦当劳这种连锁快餐经营模式巨大的商业潜力,决定购买推销麦当劳餐厅的经销权。而麦当劳兄弟并没有这种识别金矿的眼光,很快就答应给他在全国各地开连锁分店的经销权。不过,麦当劳兄弟的条件相当苛刻,合约规定克罗克只能抽取连锁店营业额的1.9%作为服务费,而其中只有1.4%是属于克罗克的。为了日后的发展,克罗克毫不犹豫地接受了这个条件。

1955年3月2日,克罗克创办了麦当劳连锁公司,4月15日,他的第一家麦当劳快餐店在伊利诺伊州的得西普鲁斯城开张。到1960年,克罗克已经拥有228家麦当劳餐馆，其营业额达3780万美元。连锁经营模式是麦当劳迅速扩张的法宝，克罗克凭借他多年从事推销工作时所练就的技巧，在扩张的初期以令人惊叹的速度发展其汉堡连锁店并获得了成功。1961年年初，不愿再受麦当劳兄弟制约的克罗克最终以270万美元的代价从麦当劳兄弟手中把餐厅的商标、版权、模式、金色拱门和麦当劳名称统统收归到自己名下。

从此以后，克罗克将金色的麦当劳旋风刮向全美国，刮向全世界。而克罗克的成功也使他跻身"世界十大成功商人"之列，获得无上尊敬。当克罗克在1984年去世时，麦当劳已经成为世界上最大的快餐连锁企业，克罗克的继任者们继承了他的企业经营和发展战略，继续推动麦当劳的全球扩张步伐。

雷·克罗克以企业家特有的眼光、胆魄和敏捷，寻觅并捕捉了一个非常难得的机遇，打开了财富之门。

的确，人这一生中，你的思想决定了你的一切，你能想多远，你的思想达到了什么程度，就决定了你的成就可能达到的程度。

十几年前，古川还只是一家日本公司的小职员，平时的工作是为上司做一些文书工作，跑跑腿，整理一些报刊材料。工作很辛苦，薪水也不高，所以，他总琢磨着想个办法赚大钱。

有一天，他在报纸上看到了一条介绍美国商店情况的专题报道，其中有一段提到了自动售货机："现在美国各地都大量采用自动售货机来销售商品，这种售货机不需要人看守，一天24小时可随时供应商品，而且在任何地方都可以营业，它给人们带来了方便。可以预料，随着时代的进步，这种新的售货方法会越来越普及，必将被广大的商家、企业所采用，消费者也会很快地接受这种方式，前途一片光明。"

古川开始在这上面动脑筋，他想：日本现在还没有一家公司经营这个项目，而日本将来也必然迈入一个自动售货的时代。这项生意对于没有什么本钱的人最合适，我何不趁此机会走到别人前面，经营这项新事业呢？

说做就做，他从朋友和亲戚那里筹到了30万日元，购买了20台售货机，分别将它们设置在酒吧、剧院、车站等一些公共场所，把一些日用百货、饮料、酒类、报纸杂志等放入自动售货机中，由此开始了他的事业。

古川的这一举措果然给他带来了大量的财富。人们头一次见到公共场所的自动售货机，感到很新鲜，只需往里投入硬币，售货机就会自动打开，送出你需要的东西。一般，一台售货机只放入一种商品，顾客可按需要从不同的售货机里买到不同的商品，非常方便。

古川的自动售货机第一个月就为他赚到了100万日元。他再把每个月赚到的钱投资于自动售货机上，扩大经营的规模。5个月后，古川不仅还清了所有借款，还净赚了2000万日元。

一些人看这一行很赚钱，也都跃跃欲试。古川看在眼里，认为自己可以开始制造自动售货机了。他投资成立工厂，研究制造"迷你型自动售货机"。这款产品外观特别娇小可爱，上市后，反映极佳，古川又因制造自动售货机大发了一笔。

一个聪明人比一个普通人的高明之处在于，他总会比别人多想几步。在现实生活中，多想几步，也就是说，具有一定的远见卓识，将给我们带来巨大的财富。管理大师前岩一经常强调一句话："思想力就是竞争力。"现在，很多公司也都非常崇尚这一点。思想有多远，你的事业就能走多远。

7. 敏锐地捕捉危机和契机

成功者总能从平常小事上敏锐地发现事物的苗头，并且深究下去。想要见微知著，必须独具慧眼，也就是用眼看的同时，也要配合敏捷的思维。只有看到别人看不见的事物，才能做到别人做不到的事情。

1965年，日本索尼公司试制成功了第一台晶体管收音机。这种收音机体积虽小，但与原来社会上通用的笨重的真空管收音机相比，性能却大大提高了，而且也非常实用。考虑到日本是个资源小国，而且市场容量也不大，所以产品只有出口才能有所作为，公司创始人盛田昭夫决定用新产品首攻美国大市场。经过艰难的推销工作，新产品的订单渐渐多了起来。

让人大为惊喜的是，有一天突然冒出一位客商，居然一次要订10万台晶体管收音机。10万台，这在当时近似于天文数字。10万台订货的利润足以维持索尼公司好几年的正常生产。全公司的职员无不为此欢欣鼓舞，都希望给这位客商以优惠，尽快订下合同。

不料，公司总部却宣布了一条几乎是拒绝大客商订货的奇异价格"曲线"：订货5000台者，按原订价格；订货1万台者，价格最低；订货过1万台者，价格逐渐升高，如果订货10万台，那么只能按照可以使人破产的高价来订合同。

如此奇异的价格"曲线"，令公司职员及客商大为不解。经销商看着手中的报价单，感到莫名其妙，他觉得似乎被这位日本人玩弄了。他竭力控制住自己的感情，说："盛田先生，我做了快30年的经销商，从没有见过像你这样的人，我买的数量越大，价格却越高，这太不合情理了。"

盛田昭夫向他的职员和客商解释了他的"着眼将来，力避后患"的考虑。当时，索尼公司的年产量还远远不到10万台这个数字，如果接受这批订货，那么生产规模就必须成倍地扩大。可是，如果公司筹款扩大生产规模以后，再也没有现在这样的大批量订货，那结局只能是刚刚起步的公司可能会马上破产。订货越多，单价就越低，就一般情况而言是成功、完善的方案。以此方案订下10万台合同也足以使索尼公司在短时间内大踏步地前进一步，但从企业的长远发展而言，由于盲目投资、盲目扩大生产规模而造成的生产不稳定、忽上忽下，甚至公司倒闭的后患也就在不知不觉中埋下了。公司制订的价格"曲线"旨在引导客户接受对双方都有利的1万台订货数量。为避将来后患，公司目前最需要的就是1万台订单左右的客户。

盛田昭夫耐心地向客商解释他制订这份报价单的理由，客商听着听着，终于明白了。他会心地笑了笑，很快和盛田昭夫签署了一份1万台小型晶体管收音机的订购合同。这个数字对双方来说，无疑都是最合适的。就这样，盛田昭夫使索尼公司摆脱了一场危险和赌博。

一个人要想取得成功，不但要透过现象看到本质，还应该别具慧眼，看到别人看不到的东西。像鲁迅先生所说的，"从字缝里看出字来"。要想达到既定的目标，除了有的放矢地研究各种信息，还必须掌握市场变化的规律，调查顾客购买心理，以及竞争对手等情况。事实证明，凡积极进行预测的人，都能有效地抓住机会。

1984年，36岁的阿诺特决定将当时濒临破产的服装帝国迪奥集团购买下来。这一想法一公开，便引发了时尚界的集体嘲讽：迪奥曾经辉煌，可它现在已经没落，其余晖已经不再闪耀，阿诺特以家族建筑企业做抵押，将比其大一倍的迪奥收购下来，不是愚蠢便是疯狂。

接手经营后不久，阿诺特再出怪招。他将迪奥原本的首席设计师辞退，起用了一位名不见经传的英国人来担任产品设计的主持，这更是引发了公众的讥讽，甚至连家人也认为阿诺特是在败坏家业，纷纷对其进行指责。

面对家人的反对与质疑，阿诺特将自己购买迪奥并进行大规模人事调整的原因一一道出："公众都对我购买迪奥之举进行批评，并认为这是一种无谓的冒险行为，那是因为他们只看到了迪奥因其经营不善而导致的产品滞销，却忽略了它多年来建立起的全球性奢侈品牌的巨大商业价值。太多的人都习惯于站着看事物，所以，往往只关注它的现在；而我更喜欢躺下来看，更多地对它的过去与未来进行分析。"

最终，阿诺特排除异议，起用了新的设计师。果然，在进行产品形象的重塑以后，迪奥作为世界顶级奢侈品牌的感召力得以迅速恢复，而阿诺特也因此挖掘到了进军时尚品牌领域后的第一桶金。

在此后长达26年的时间里，他接连"冒险"，并购了已呈衰败之势的路易·威登、纪梵希等世界级品牌，并大获成功，成功地组建起了全球最大的时尚帝国，一举成为现代时尚帝国中的最高领袖。

美国商界有句名言："愚者赚今朝，智者赚明天。"一个智者，每天必定用80%的时间考虑明天，用20%的时间处理日常事务。着眼明天，会为你打开成功之门。

第六章

缜密逻辑——
减少失误的法门

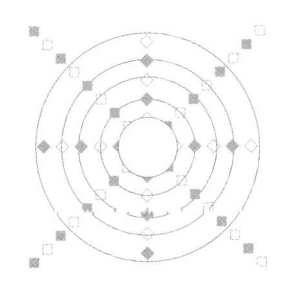

1. 见微知著，不疏漏每个细节

弗莱明深入思考葡萄糖菌被污染这一细节，发明了青霉素。

阿基米德从洗澡水溢出澡盆这一细节获得灵感，发现了浮力定律。

牛顿注意到苹果由树上掉下来这一细节，提出了万有引力定律。

沃尔玛公司坚持抓好"降低成本，为顾客省钱"的细节，发展为世界零售业巨子。

丰田汽车公司把精细化的生产管理落实到细节之中，创造了辉煌的业绩。

海尔公司始终坚持"精细化、零缺陷"的经营理念，使一个亏损企业发展成为世界家电巨头。

成功学大师卡耐基在被要求用一句话来描述一个人成功的原因时，说："只有注重细节，才能注意到工作中的关键问题所在，才能发挥出最完美的执行力。"

一天，美国福特公司客服部收到了一封客户抱怨信，上面是这样写的：

"我们家有一个传统的习惯，就是每天在吃完晚餐后，都会以冰激凌来当我们的饭后甜点。但自从最近我买了一辆你们的车后，在我去买冰激凌的这段路程上，问题就发生了。每当我买的冰激凌是香草口味时，我从店里出来车子就发不动；但如果我买的是其他口味，车子发动就顺得很。为什么？"

于是，客服部派出一位工程师去查看究竟。当工程师找到写信的人时，对方刚好用完晚餐，准备去买当天的冰激凌。于是，工程师一个箭步跨上车。结果，买好香草冰激凌回到车上后，车子果然又发不动了。

这位工程师之后又依约来了三个晚上。

第一晚，巧克力冰激凌，车子没事。

第二晚，草莓冰激凌，车子也没事。

第三晚，香草冰激凌，车子发动不了。

……

这到底是怎么回事呢？工程师忙了好多天，依然没有找到解决的办法。工程师有点气馁，不知是不是该放弃，转而接受退车的现实。

神圣的职业使命感使工程师安静下来，开始研究从开始到现在所发生的种种详细资料，如时间、车子使用油的种类、车子开出及开回的时间……不久，工程师发现，买香草冰激凌所花的时间比其他口味的要少。因为，香草冰激凌是所有冰激凌中最畅销的口味，店家为了让顾客每次都能很快地拿取，将香草口味特别分开陈列在单独的冰柜，并将冰柜放置在店的前端。

现在，工程师所要知道的疑问是，为什么这部车会因为从熄火到重新激活的时间较短时就会发不动？原因很清楚，绝对不是因为香草冰激凌的关系，工程师的脑海中很快地浮现出答案：应该是"蒸汽锁"在作祟。买其他口味的冰激凌由于花费时间较多，引擎有足够的时间散热，重新发动时就没有太大的问题；但是买香草口味的冰激凌时，由于时间较短，引擎太热以至于无法让"蒸汽锁"有足够的散热时间。

在这个事例中，购买香草冰激凌虽然与发动机熄火并没有直接的联系，但购买香草冰激凌确实和汽车故障存在着逻辑关系。问题的症结点在一个小小的"蒸汽锁"上，这是一个很小的细节，但这个细节被细心的工程师发现，从而找到了解决问题的关键。这件事告诉我们，凡事必须要从细节入手。

希尔顿饭店的创始人康拉德·希尔顿就是一个在"细节"上追求完美的人。他要求他的员工："大家牢记，千万不要把忧愁摆在脸上！无论饭店本身有何等的困难，大家都必须从这件小事做起，让自己的脸上永远充满微笑。这样，才会受到顾客的青睐！"正是这小小的要求，让希尔顿饭店享誉全球。

一家企业的副总布迪特曾入住过希尔顿饭店。那天早上刚一打开门，走廊尽头站着的服务员就走过来向布迪特先生问好。让布迪特奇怪的并不是服务员的礼貌举动，而是服务员竟然喊出了自己的名字，因为在布迪特多年的出差生涯中，在其他饭店住宿时，从没有服务员能叫出客人的名字。

原来，希尔顿饭店要求楼层服务员要时刻记住自己所服务的每个房间客人的名字，以便提供更细致周到的服务。当布迪特坐电梯到一楼的时候，一楼的服务员也同样叫出了他的名字，这让布迪特非常纳闷。服务员解释道："因为上面有电话过来，说您下来了。"

吃早餐的时候，饭店服务员送来了一个点心。布迪特问："这道菜中间红的是什么？"服务员看了一眼，然后后退一步做了回答。布迪特又问旁边那个黑的是什么。服务员上前看了一眼，随即又后退一步作答。布迪特询问服务员为什么每次都要后退一步。服务员回答说是为了避免自己的唾沫落到客人的早点上。

细致的思考是细节的关键。当大家都在做同一件事情时，会出现什么样的结果就要看我们能仔细到什么程度，或者说我们有没有注意到细节。只要我们足够细致，就能比别人多发现一点点，而这多出来的一点点恰恰就是事成的关键。

所以，要谨慎思考，让自己的思维变得更加缜密。

加藤在一家生产日用品的公司工作。有一次，加藤为了赶去上班，刷牙时有点急躁，结果弄得牙龈出血。他为此大为恼火，上班的路上仍是非常气愤。

到了公司，加藤为了把心思集中到工作上，硬把心头的怒气给平息了下去。下班后，他和几个要好的伙伴提到了此事，并相约一同设法解决刷牙容易伤及牙龈的问题。

他们想了不少办法，如把牙刷毛改为柔软的狸毛，刷牙前先用热水把牙刷泡软，多用些牙膏，放慢刷牙速度，等等，但效果都不太理想。后来，他们进一步仔细检查牙刷毛，在放大镜底下，发现刷毛顶端并不是尖的，而是四方形的。加藤想："把它改成圆形的不就行了！"于是，他们着手改进牙刷。

经过实验取得成效后，加藤正式向公司提出了改变牙刷毛形状的建议，公司领导看后，也觉得这是一个特别好的建议，欣然把全部牙刷毛的顶端改成了圆形。改进后的狮王牌牙刷在广告媒介的作用下，销路极好，销量直线上升，最后占到了全国同类产品的40%左右，加藤也由普通职员晋升为课长，十几年后成为了公司的董事长。

牙刷不好用，在我们看来是司空见惯的小事，所以很少有人想办法去解决这个问题，机遇也就从身边溜走了。而加藤不仅发现了这个小问题，还对小问题进行了细致的分析，从而使自己和所在的公司都取得了成功。

2. 蚂蚁也能搬走大象，细节决定成败

说到注重细节，我们就不得不提达·芬奇画鸡蛋的故事，为了把鸡蛋画得逼真，达·芬奇画了成百上千次，直到满意为止。其实，任何事物都是这样的，想要把细节做好，最好的办法就是从做小事开始做起，形成习惯。在体育比赛中，有些人之所以能取得好成绩，就在于那么微小的一个动作，而这个动作却是运动员长期训练的结果。可以说，对细节的注重与否，决定了人生的成败。细节在我们的生活中起着举足轻重的作用，所以，我们要对细节精打细磨，在细节上下功夫。

一个大学生，毕业后来到一座大城市闯天下。理想很丰满，但现实很骨感，他奔波了一个星期，却一直没有找到合适的工作。最糟糕的是，在乘公交车的时候，他的钱包和手机被偷了，而且身份证还在钱包里。在受冻挨饿了两天之后，他决定去捡垃圾。虽然捡垃圾不是什么体面的事，但至少能够解决眼前的吃饭问题。

一天，他正低头捡垃圾的时候，觉得背后有人正注视着自己，他回头一看，发现身后有个中年人。中年人见他看着自己，笑了笑，拿出一张名片说："这家公司正在招聘，你可以去那里试试，到那里递上这张名片就行。"

年轻人接过名片一看，是一家很大的公司，虽然现在的自己看上去很狼狈，但他也想去试一试。

到了那家公司，他恭敬地递上那张名片。接待他的人一看到他递上去的名片，就热情地说："先生，恭喜你，你已经被录取了。"

年轻人感到惊讶，不知道自己为什么这么简单就被录取了。接待

小姐笑着说："这是我们总经理的名片，他曾特意吩咐，有个年轻人会拿着他的名片来应聘，只要他来了，就马上录取！"

就这样，没有经过任何面试，他就成了这家公司的一员。通过自己的努力，几年后，他成了这家公司的副总经理。

"当年，您为什么会让我来面试？"闲聊时，他经常问总经理这个问题，但每次总经理都笑而不答。

又过了几年，公司业务越做越大，总经理要去别的城市拓展新项目，临走时，将这个城市的所有业务都委托给了他。

总经理临走前，约他一起喝咖啡。闲聊中，总经理说："你一直都很想知道，当年我为什么让你来面试，今天我就把答案告诉你。当年我偶然看见你在捡垃圾，一个看上去文质彬彬的年轻人捡垃圾，这本身就很令人好奇。我观察了你很久，你每次把有用的东西捡出来之后，都将剩下的垃圾归好类，再放回垃圾箱。当时我就在想，一个人在这么不如意的情况下还能够注意这样的细节，那么，无论他是什么学历、什么背景，我都应该给他一个机会。我认为，一个注重细节的人，是值得信赖的。"

生活中的我们，总是会遇到各种各样的事情，有的很幸运，有的很不幸。即使遭遇不幸，也不应该自暴自弃，反过来想想，可能还有改变的机会。机会在哪里？也许就隐藏在那些非常不起眼，甚至极其容易被忽略的小细节里。所以，要想改变命运，就不能忽视那些看似微不足道的细节。

美国前国务卿基辛格博士，在诸事繁忙之际，仍旧坚持让自己的下属不断地培养关注细节的习惯。

有一次，他的助理呈递一份计划给他，数天之后，该助理问他对其计划的意见，基辛格和善地问道："这是你所能做的最佳计划吗？"

"嗯……"助理犹疑地回答，"我相信再做一些细节改进的话，一定会更好。"

基辛格立即把那个计划退还给他。

两周之后，助理再次呈上自己的成果。几天后，基辛格请该助理到他办公室去，问道："这的确是你所能拟订的最好计划了吗？"

助理后退了一步，喃喃地说："也许还有一两点细节可以再改进一下……也许需要再多说明一下……"

助理随后走出了办公室，手上拿着那份计划，下定决心要研拟出一份任何人，包括亨利·基辛格都必须承认的"完美"计划。

于是，这位助理日夜工作，有时甚至就睡在办公室里。三周之后，计划终于完成了！他非常得意地踏着大步走入基辛格的办公室，将该计划呈交了上去。

当听到那熟悉的问题"这的确是你能做到的最完美的计划了吗"时，他激动地说："是的，国务卿先生！"

"非常好。"基辛格说，"这样的话，我有必要好好地读一读了！"

基辛格虽然没有直接告诉他的助理应该做什么，但他通过这种严格的要求来训练自己的下属怎样才能注重细节，完成一份合格的计划书。

我们做任何事情都应该在心里立下一个标准，下次做这件事或类似的事情时就以这种标准做，将细节做到尽善尽美。通过细节训练自己的素养，能够让我们变得与众不同。

3. 别忽略每一个小人物

每次说到小，我们很快就会想到容易被忽略和不重要的人或事。事实上，小人物确实经常被忽略。世界是不断变化的，没有一成不变的事物。三十年河东，三十年河西，事物在一定的条件下可以朝相反的方向转化。小人物一夜之间能够成为万众瞩目的大人物，而大人物有时也会冰山垮塌，成为大千世界中最平凡的小人物。

一个阴云密布的午后，由于瞬间的倾盆大雨，行人们纷纷进入就近的店铺躲雨，一位老妇人也蹒跚地走进费城百货商店避雨。面对她略显狼狈的姿容和简朴的装束，所有的售货员都对她视而不见。

这时，一个年轻人诚恳地走过来对她说："夫人，我能为您做点什么吗？"老妇人莞尔一笑："不用了，我在这儿躲会儿雨，马上就走。"老妇人随即又有些心神不定，不买人家的东西，却借用人家的屋檐躲雨，似乎不近情理，于是，她开始在百货店里转起来，哪怕买个头发上的小饰物，也算给自己躲雨找个心安理得的理由。

正当她犹豫徘徊时，那个年轻人又走过来说："夫人，您不必为难，我给您搬了一把椅子，放在门口，您坐着休息就是了。"两个小时后，雨过天晴，老妇人向那个年轻人道谢，并向他要了张名片，然后颤巍巍地走出了商店。

几个月后，费城百货公司的总经理詹姆斯收到了一封信，信中要求将这位年轻人派往苏格兰收取一份装潢整个城堡的订单，并让他承包自己家族所属的几个大公司下一季度办公用品的采购订单。詹姆斯惊喜不已，匆匆一算，这一封信所带来的利润相当于他们公司两年的利润总和。

他在迅速与写信人取得联系后,方才知道,这封信出自一位老妇人之手,而这位老妇人正是美国亿万富翁"钢铁大王"卡内基的母亲。

詹姆斯马上把这位叫菲利的年轻人推荐到公司董事会。毫无疑问,当菲利打起行装飞往苏格兰时,他已经成为这家百货公司的合伙人了。那年,菲利22岁。

随后的几年中,菲利以他一贯的忠实和诚恳,成为了"钢铁大王"卡内基的左膀右臂,事业扶摇直上,是美国钢铁行业仅次于卡内基的富可敌国的重量级人物。

人们总是习惯性地去忽视微小的东西,但上面的故事告诉我们,微小的东西和人物有时候正是改变一件事情的关键。

东汉末年,四川人张松作为宜州牧刘璋的使者去见曹操。曹操号称"治世之能臣,乱世之奸雄",唯才是举是他给后人留下的千古佳话,可见他在识才方面还是颇具慧眼的。可是,这次在张松这个小人物面前,曹操却走了眼。曹操不喜欢他"额头尖,鼻偃齿露,身短不满五尺"的丑陋之貌,更是反感他锋利的言辞,若不是杨修等人说情,张松的脑袋恐怕就保不住了。

张松此来,本想将四川详尽的地图献给他心目中的英雄,所以他故意用言辞去试探曹操的度量,结果却令他大失所望。四川的未来怎么能够交给他呢?曹操聪明一世糊涂一时,他没有好好想想,此人倘若没有足够的资本,怎么敢在他面前造次。之后,张松转而去找刘备。刘备是个有心人,觊觎四川已久,自然能够掂量出其人的价值。与曹操截然相反的态度,让张松认为自己找到了真正值得效忠的明主。最终,刘备成了蜀川的主人,成为与曹魏和孙吴鼎立的三足之一。

假如曹操不与张松失之交臂，任凭诸葛亮再有本事，想从曹操手中取得四川，那也绝非易事。又哪会有这样一幕波澜壮阔的三国争霸大剧上演呢？一个小人物，举手之间，也左右了历史的走向。

小人物虽然不起眼，但只要他存在，就有他存在的道理。小人物虽小，却也能干出让大人物瞠目结舌的事情。

《史记·魏公子列传》中说：魏公子无忌为人仁厚，又能礼贤下士，凡是士人，不论才能高低，都能谦虚地以礼相待，不因为自己富贵就怠慢士人。因此，纵横几千里地方的士人，都争相前往归附他。他招徕的食客有三千人。在这期间，各个诸侯因为魏公子贤能，门客又多，轻易不敢侵犯魏国。

魏国有个隐士，名叫侯嬴，70多岁了，家境贫困，只好去做大梁夷门的守门人。魏公子听说后，就前去问候，要赠送他丰厚的财物。侯嬴不肯接受，魏公子就摆设酒席，大请宾客。客人坐定之后，魏公子带着礼物，空着车子左边的座位，亲自去迎接夷门侯先生。

侯嬴整了整破旧的衣帽，登上了魏公子的车，毫不谦让地坐在上首，想借此来观察魏公子。魏公子握着缰绳，更加恭敬。侯嬴又对魏公子说："我有个朋友在街上屠宰坊里，希望委屈你的车马，让我去访问他。"魏公子驾着车子来到市场，侯嬴下车去会见他的朋友，故意与朋友说了很长时间的话，同时暗中观察魏公子，魏公子脸色非常温和。市场上的人都看到了这个场面。这时候，魏国的将相、王族、宾客济济一堂，等候魏公子举杯祝酒，随从人员暗地里都骂侯嬴。侯嬴看到魏公子的脸色始终不变，才辞别朋友，登上了车子。来到魏公子家，魏公子领着侯嬴坐在上首，并向他一一介绍宾客，客人们都吃惊不已。饮酒正酣时，魏公子起立，来到侯嬴面前向他敬酒祝福。侯嬴对魏公子说:"我只是夷门的守门人,而魏公子却委屈车马,在大庭广众之下亲自去迎接我,我本不应该去访问朋友,却委屈魏公子去了一趟。然而,我侯嬴要成就魏公子的美名,故意让魏公子的车马久久地停在市场上,去访问朋友,借此观察魏公子,魏公子却更加恭敬。市民大多把我看作小人物,而认为魏公子是有德行的人,能谦恭地对待士人!"此后,侯嬴成了魏公子的上宾,并为魏公子的事业做出了贡献。

世上变幻莫测的事情太多,有时,哪怕智识超群之人,也难免会看走眼。其实,要想避免出现这样的尴尬并不难,只要有一颗平常心,平常地去看待出现在自己身边的小人物。当小人物时,不出卖自己的良心,则心安理得,俯仰无愧;当大人物时,不轻视小人物,不藐视小人物,更不欺压小人物,则无反侧之忧。要想成大事,就要谨慎行事,不要忽视任何一个小人物。

4. 防微杜渐,小处不可小视

很久很久以前,有一片村庄靠近黄河边,为了防止黄河泛滥给村庄带来灾害,村民们筑起了长长的堤坝。

有一天,有个老农偶然发现长堤下的蚂蚁窝一下子猛增了很多。老农有些担心这些蚂蚁窝会影响长堤的安全,所以,他决定回村上报。在赶回村子的路上,他遇见了自己的儿子。

儿子问他:"为什么这么着急往回赶?"老农说出了自己的担心。儿子听了,不以为然地说:"那么坚固的长堤,还害怕几只小蚂蚁吗？"然后就拉老农一起下田了。

当天晚上，风雨交加，黄河水猛涨，咆哮的河水从蚂蚁窝渗透出来，导致堤坝决堤，村庄也遭了殃。

长长的堤坝，狂风巨浪不能让它有丝毫的动摇，而小小的蚂蚁却能让堤坝最终崩溃。这说明了什么？说明了细节的重要性。细节性的问题如果不处理好，往往会发展成致命的问题。

很多人不缺乏智慧，也不缺乏战略，更不缺乏人力物力，但最终却没有心想事成，原因何在？很多时候，是因为对细节的把控不到位。所以，我们必须改变心浮气躁、浅尝辄止的坏毛病，树立细节意识，注重细节的力量。

为什么细节能够决定成败？我们可以从辩证法的角度去看。细节决定成败是事物由量变到质变的发展过程。量变是细节的积累导致的事物浅层次的变化，质变是细节积累到一定的程度，形成的深层次的飞跃。

当事物还处在量变阶段时，我们是可以控制和改变的；一旦发生了质变，后果将不可逆转。因而，不得忽视细节，否则将出现"牵一发而动全身"的严重后果。

远洋运输货轮的性能一般都比较先进，只要定期进行维护，是不会出现什么大问题的。但是，巴西一家远洋运输公司的货轮却在海上着了火，最后整艘船沉了下去，全船人都葬身海底，实在让人感到痛心。

后来，事故调查者从出事货轮的遗骸中发现了一只密封的瓶子，里面有一张纸条，上面写了很多话，那是船上的人在最后一刻的留言。

人们看了那张纸上的内容，惊奇地发现，船上的水手、大副、二副、管轮、电工、厨师和医生等熟知航海条例的人，都在承认自己的错误：有人说自己不应该私自买了一盏台灯；有人后悔发现消防探头有些损坏却没有及时更换；还有人发现救生阀施放器有问题，但没有太在意；有的承认自己例行检查不到位；有的说自己在值班时擅离了岗位……

最后是船长的话，他写道："火灾发生了，一切都糟透了。平时，我们对自己犯的一点点小错误不在意，但是这些小错积累起来，最终酿成了船毁人亡的大错。"

这个故事告诉我们，不要放过每一个容易出错的细节，否则，积少成多，聚沙成塔，一旦发展到无法改正的余地，我们就只能自食其果了。

小陈参加招聘会的那天早上，吃早餐的时候不慎碰翻了水杯，将放在桌上的简历浸湿了。为尽快赶到会场，小陈只将简历简单地晾了一下，便和其他东西一起匆匆塞进了背包。

在招聘会现场，小陈看中了一家电子公司。按照这家公司的要求，先看简历，再进行简单的交谈。

当小陈掏出简历摆放在招聘人员面前时，自己都吓了一跳，他发现，简历上不仅有一大片水渍，而且放在包里一揉，再加上钥匙等东西的触碰，已经惨不忍睹了。小陈努力将它弄平整，但这份伤痕累累的简历还是让招聘人员皱起了眉头。虽然招聘人员最后还是收了他的简历，但那份褶皱的简历夹在一叠整洁的简历中显得非常刺眼。

三天后，小陈被通知参加面试，他表现非常不错，赢得了面试人员的称赞。但是，一周过去了，小陈依然没有得到回复。他忍不住打电话询问情况，对方说他没有被录取。他觉得按照那天自己的表现应该是可以被录取的，于是请对方告诉自己差在哪里。对方本不想说，但见他很有诚意，便说道："其实招聘人员对你很满意，但坏就坏在你的简历上。我们拿着录取人员的简历给老总最后过目，看到你的简历，老总说，一个连简历都保管不好的人，是很难把事情做细的。"

越是小的事情，越容易在这方面上栽跟头。正是因为事小，使得我们不愿意深入地去了解，但它恰好是我们生活中存在的。久而久之，我们的这份松懈就会给自己带来失误。所以，就算是自己再熟悉的事，也要认真做好准备。只有这样，我们才能保证自己做事的质量。

5. 总览全局，才能立于不败之地

没有明确的办事计划，就难以取得好的办事效果。办事时，要做出准确的判断并非一件易事，这其中的关键是要有全局判断能力，要有能在整个局势中盘算出必不可少的大方向的眼光。

20世纪60年代，印度的帕特尔开始了他的创业生涯。创业之初，帕特尔利用自己的专长，用那些简陋的设备，生产出了一种成本极其低廉的洗衣粉，并把这种洗衣粉命名为尼尔玛。为了打开销路，帕特尔四处奔波，试图在竞争激烈的市场上分得一杯羹。

由于规模较小，竞争力也相对很低，而且，当时印度的洗衣粉完全由印达斯坦勒维尔公司独占着。勒维尔公司在全世界都设有分公司，实力极其雄厚，它的业务范围也相当广泛，而且，它所生产的冲浪牌洗衣粉，在印度洗涤市场一直占据着统治地位。

帕特尔考察了一阶段后，纵观全局，根据市场的情况做出了一个完整的计划。当时，勒维尔公司的产品主要针对有钱人。当然，有钱人也占据着市场的一大部分。帕特尔就根据这一点，决定以中下层人民作为主要消费者，打开初级市场。他制订了一个计划：一是坚持薄利多销；二是逐步加大市场份额；三是做好广告，冲击高端产品。

按照这个系统的计划，他的公司取得了很大的成就。在薄利多销的经营思维下，帕特尔为自己赢得了越来越多的客户，那些中下层家庭主妇更是把帕特尔公司生产的洗衣粉看成是生活不可或缺的好伴侣，大多数消费者认为帕特尔的洗衣粉不但价廉，而且质优，所以人们都纷纷购买。同时，公司也在不断推出新产品。

20世纪80年代中期，帕特尔公司根据市场的需求，先后推出了块状洗衣皂和香皂。当这两种产品投入市场的时候，购买者趋之若鹜。为此，公司迅速增大了产量，显示出其广阔的发展前景。而且，这些新产品逐步对勒维尔公司造成了严重的威胁。在公司正确计划的实施下，到1988年，公司生产的尼尔玛牌洗衣粉，销量达到50万吨。而这时，它的主要竞争对手勒维尔公司已经被抛在了后面，他们生产的冲浪牌洗衣粉只售出了20万吨。

仅仅过了20年，这个小小的工棚便一跃成为印度最大的私营企业之一，而帕特尔也摇身一变，由一个蹬着自行车上门送货的小商人，变成了一个拥有3亿多卢比的尼尔玛公司的总裁。

帕特尔的胜利为我们提供了处事的经验：想要成功，你首先要有纵观全局的本领，再做好完整的计划。

孟尝君是战国时期齐国的名门贵族，几度出任相职，声望显赫。但有一次因为与齐闵王意见不合，他一气之下辞去相职回到了薛地。

◆ 第六章 缜密逻辑——减少失误的法门 ◆

当时，南方大国楚国正在准备举兵攻薛，薛地危在旦夕。在这紧要关头，孟尝君决定向与自己私交甚笃的齐国大夫淳于髡求援："我薛地弹丸之地，楚兵一旦来攻，后果将不堪设想。请君助我！"

淳于髡很干脆地答应了："承蒙不弃，我去找齐闵王相助。"淳于髡仔细想了想事情的来龙去脉，他想：如果直接让齐闵王救薛地，齐闵王肯定不会出手；但如果不去救薛地，楚国占领这块地方后，就会对齐国造成威胁，从而危及自己。薛地是一定要救的，关键是怎么说服齐闵王。就这样，在有了全局观念后，淳于髡制订了一套说服齐闵王的完整计划。

首先，他让孟尝君赶紧召集人员，建一座祭拜祖先的寺庙，规模越大越好。随后，他赶到齐国，进宫觐见齐闵王。汇报完公务后，等着齐闵王问他关于楚国的情况。

果然，齐闵王问道："楚国的情况如何？"

淳于髡一脸沉重地说道："事情很糟。楚国自恃强大，以强凌弱，总在谋划攻击别国；而薛地呢，也不自量力……"

谈到薛地，淳于髡故意不露痕迹。

齐闵王一听，紧接着就问："薛地怎么样？"

淳于髡捉住机会，说："薛地对自己的力量缺乏分析，没有远虑，修建了一座祭拜祖先的寺庙，规模宏大，却不问自己是否有保卫它的能力。目前楚王准备出兵攻击这一寺庙，真不知后果会怎样，处境非常危险。所以我说薛不自量力，楚也太霸道。"

齐王点头赞赏："原来薛地有那么大的寺庙？"随即下令派兵救薛地。

守护先祖之寺庙，是国君最大的义务之一。为了保护祖先寺庙，齐国就必须出兵救薛，此时，薛地的危机就是齐国的危机。在这种危机面前，齐闵王不会再计较与孟尝君的个人恩怨。而淳于髡就是利用了这一点，先让孟尝君建筑寺庙，再去说服齐闵王。

胸中有大局，就不会被眼前迷雾所惑。能够"盘算整个局势"，能够看出整个事情发展的大方向，并知道如何"照这个方向去做"，才能使自己立于不败之地。

6. 即便是再小的事情，也要做到最好

海尔总裁张瑞敏曾经说过："把每一件简单的事情做好就是不简单，把每一件平凡的事情做好就是不平凡。"在现代社会生活中，人最大的弱点就是心态过于浮躁。如果每个人都能静下心来踏踏实实地做好每一件小事，那么所有的人都可以取得巨大的成就。

张艺谋导演曾经在影片《英雄》里塑造了一个叫"无名"的剑客，他把天下所有有名的大侠都打败了。更为奇特的是，"无名"的剑法只有一招。这一招并不高明，甚至不合剑法，却是致人死命的绝招。有人认为这带有传奇性，与现实不符，但无论如何，它都说明了一个道理，那就是著名精细管理家汪中求所说的："简单的招式练到极致，也会变成绝招。"

无论事情多么简单，只要你能够倾尽全力去做，做到完美，就能为自己赢得更多的发展机会。

一位中年妇女从对面的福特汽车销售商行走进了乔·吉拉德的汽车展销室。她说自己很想买一辆白色的福特车，就像她表姐开的那辆，但是福特车行的经销商让她过一个小时之后再去，因此先到这儿来瞧

一瞧。

"夫人，欢迎您来看我的车。"乔·吉拉德微笑着说。妇女非常兴奋地告诉他："今天是我55岁的生日，想买一辆白色的福特车送给自己作为生日的礼物。""夫人，祝您生日快乐！"乔·吉拉德热情地祝贺道，然后，他轻声地向身边的助手交代了几句。

乔·吉拉德领着夫人从一辆辆新车面前慢慢走过，边看边介绍。在来到一辆雪佛莱车前时，他说："夫人，您对白色情有独钟，瞧这辆双门式轿车，也是白色的……"就在这时，助手走了进来，把一束鲜花交给了乔·吉拉德。他把这束漂亮的鲜花送给了这个夫人，再次对她的生日表示祝贺。

那位夫人感动得热泪盈眶，十分激动地说："先生，太感谢您了，已经很久没有人给我送过礼物了。刚才那位福特车的推销商看到我开着一辆旧车，以为我买不起新车，因此在我提出要看一看车时，他就推辞说需要出去收一笔钱，我只好上您这儿来等他。现在想一想，也不一定非要买福特不可。"就这样，这位妇女在乔·吉拉德这里买了一辆白色的雪佛莱轿车。

给来看车的顾客说一声"生日快乐"，注意到顾客对白色车的爱好，送顾客一束鲜花庆祝生日，对于卖汽车的工作人员来说，似乎只是无足轻重的小事，但正是这许许多多的细小行为，为乔·吉拉德创造了空前的效益，使他的营销取得了辉煌的成功。他创造了12年推销13000多辆汽车的最高纪录，被《吉尼斯世界纪录大全》誉为"全世界最伟大的推销员"。

不要以为是平凡的小事，就敷衍地应付。你应该像做重要的事一样认真对待，细心、扎实地处理好每一个细节和环节，一丝不苟地去完成它。这样，你就能借助"平凡小事"的力量推进工作进度，做出不平凡的业绩。

总而言之,一个人能否取得卓越的成就,取决于他能否将那些再平凡不过的小事做好。因此在工作中,哪怕事情微不足道,你也要认认真真地把它做好,能完成100%,就绝不只做99%。

当美国标准石油公司的阿基勃特还是个小职员的时候,每次出差在外住旅馆时,他都会在自己签名的下方写上"每桶标准石油4美元"的字样,就连平时的收据和书信也不例外,签了名就一定要写上那几个字。所以,同事给他起了个"每桶4美元"的外号。渐渐地,他的真名反而没有人叫了。

公司董事长洛克菲勒听到这件事后非常惊奇,心里想:"竟有如此努力宣传自己公司声誉的职员,我一定要见见他。"于是,他邀请阿基勃特共进晚餐。后来,洛克菲勒卸任,阿基勃特成了公司的第二任董事长。

在签名的时候,署上"每桶标准石油4美元",这是一件非常小的事,严格来说,它不在阿基勃特的工作范围之内,但他却一直坚持着,并把它做到了极致。尽管遭到了许多人的嘲笑,但他并没有因此而放弃。在嘲笑他的那些人中,肯定有不少人的能力和才华在他之上,但是到最后,只有他成了董事长。

古语有云:"天下大事,必作于细;天下难事,必作于易。"任何人想要成就一番事业,都需要从身边的小事入手。

7. 精雕细琢，专注就能成功

不论一个人多么聪明，都不可能在同一时间内想一件以上的事情。只有把手头上的事情做好了，才能获得满足，进而为制订其他目标打下坚实的基础。

"一生咬定一个目标不放松，一生磨一镜，一生只挖一口井，一生只做一件事，黾勉苦辛，朝乾夕惕，才有可能达到光辉的顶点。"这句话体现了人生的大智慧。正是这种"专一"，使得有些人不断地走向成功和辉煌。

在一家大型合资企业的招聘栏里，特别强调的一点就是每一个员工都一定要专注于自己的事情，否则就不要到公司应聘。因为薪水比较高，很多人到这家公司应聘。当所有人排着长队等在办公室门口时，一位人事部的工作人员问："你们都会阅读吗？"所有的人都回答说"会"。于是，这里的应聘者被一个接一个地带到一间办公室，但是，有很多人最后都失望地走了出来。

轮到奥莉时，工作人员问："你会阅读吗，小姐？"

"会，先生。"

"那好，你跟我来。"奥莉被领进了那间办公室。

"你能读一读这一段吗？"坐在桌子后面的经理把一张报纸放在了她的面前。

"可以，先生。"

"你能连续不断地朗读吗？"

"可以，先生。"

"很好。"之后，经理便要求她读完报纸上的一段文字，中间不要停顿。阅读刚进行了一分钟，就有工作人员放进来6只可爱的小狗，小狗跑到奥莉的脚边嬉戏玩耍。奥莉很想看一看这几只小狗，但她知道自己现在的任务就是读报纸。于是，尽管小狗们在她的脚边活蹦乱跳，甚至咬她漂亮的鞋子，她都没有放弃阅读。

最终，她读完了报纸。经理很高兴，问她："难道你在读报纸的时候没有注意到脚边的小狗吗？"

奥莉回答："注意到了，先生。"

"那么，为什么你不看一看它们呢？"

"因为你告诉过我要不停顿地读完这一段。"

"你总是遵守你的诺言吗？"

"的确是，我总是努力地去做。"

经理听了她的回答，喜出望外，高兴地说道："你就是我要的人，明天8点钟来，我相信你会有很大的发展前途。"

"集中精力，心无旁骛"是每一个成功人士必备的素质。

李果是一家广告公司的创意文案。一次，一家著名的洗衣粉制造商委托李果所在的公司做广告宣传，负责这个广告创意的好几位文案创意人员拿出的东西都不能令制造商满意。经理只好让李果把手中的事务先搁置几天，专心把这个创意文案完成。

连着几天，李果都在办公室里边抚弄着一整袋洗衣粉边想："这个产品在市场上已经非常畅销了，人家以前的许多广告词也非常富有创意。那么，我该怎么下手才能重新找到一个点，做出一个与众不同又令人满意的广告创意呢？"

有一天，她在苦思之余，把手中的洗衣粉袋放在办公桌上，又翻来覆去地看了几遍，突然间灵光闪现，想把这袋洗衣粉打开看一看。于是，她找了一张报纸铺在桌面上，然后撕开洗衣粉袋，倒出了一些洗衣粉，一边用手揉搓着这些粉末，一边轻轻嗅着它的味道，寻找感觉。

突然，在射进办公室的阳光照耀下，她发现了洗衣粉的粉末间含有一些特别微小的蓝色晶体。审视了一番后，证实的确不是自己的眼睛看花了，于是，她立刻起身，亲自跑到制造商那儿问这到底是什么东西。得知这些蓝色晶体是一些"活力去污因子"，正是因为它们，这一次新推出的洗衣粉才会具有超强洁白的效果。

明白了这些情况后，李果回去便从这一点下手，绞尽脑汁，寻找最好的文字创意，推出了非常成功的广告方案。广告播出后，这款产品的销量急速攀升。

集中精力挖一口井要比精力分散到处挖井强得多。莱特兄弟专心于飞机的发明，结果征服了天空；洛克菲勒专心于石油事业，结果成了石油大亨；福特专心于生产廉价小汽车，结果开创了自己的汽车王国；伊斯特曼致力于生产柯达照相机，为他赚得了巨大财富，也为全球人类带来了无穷的乐趣……

许多人之所以没有成功，很大一部分原因不是不够聪明，而是他们在学习和工作中总是敷衍了事，不能够专心于自己要做的事情，任何事情都可能轻松地将他们的注意力吸引过去，这样无疑会影响到做事的效率，阻碍他们追求成功的步伐。每一个想要成功的人都应该专注于做自己该做的事，将自己正在做的事情放在第一位。

8. 谨言慎行，像侦探一样思考

1940年11月16日，纽约爱迪生公司大楼一个窗沿上发现了一颗土炸弹，并附有署名F.P的纸条，上面写着："爱迪生公司的骗子们，这是给你们的炸弹！"

后来，这种威胁活动越来越频繁，越来越猖狂。1955年竟然放上了52颗炸弹，并炸响了32颗。报界对此连篇报道，并惊呼此行动的恶劣，要求警方予以侦破。

纽约市警方在16年中费尽心机，但所获甚微。所幸还保留几张字迹清秀的威胁信，字母都是大写。其中，F.P写道：我正为自己的病怨恨爱迪生公司，要让它后悔自己的卑鄙罪行。为此，不惜将炸弹放进剧院和公司的大楼，等等。警方请来犯罪心理学家布鲁塞尔博士，博士依据心理学常识，应用扩散思维的方法层层递进，寻找因果联系，在警方掌握材料的基础上做了如下因果推理：

（1）制造和放置炸弹的大都是男人。

（2）他怀疑爱迪生公司害他生病，属于"偏执狂"病人，这种病人一过35岁病情就会加速加重。所以，1940年是他刚过35岁，现在（1955年）他应是50岁出头。

（3）偏执狂总是归罪他人，因此，爱迪生公司可能曾对他处理不当，使他难以接受。

（4）字迹清秀表明他受过中等教育。

（5）约85%的偏执狂有运动型体型，所以，F.P可能胖瘦适度，体格匀称。

（6）字迹清秀，纸条干净，表明他工作认真，是一个兢兢业业的模范职工。

（7）他用"卑鄙罪行"一词过于认真，爱迪生公司也用全称，不像美国人所为。故，他可能在外国人居住区。

（8）他在爱迪生公司之外也乱放炸弹，显然有F.P自己也不知道的理由存在，这表明他有心理创伤，形成了反权威情绪，乱放炸弹就是在反抗社会权威。

（9）他常年持续不断乱放炸弹，证明他一直独身，没有人用友谊和爱情来治愈其心理创伤。

（10）他虽无友谊，却重体面，一定是一个衣冠楚楚的人。

（11）为了制造炸弹，他宁愿独居而不住公寓，以便隐藏和不妨碍邻居。

（12）地中海各国用绳索勒杀别人，北欧诸国爱国者用匕首，斯拉夫国家恐怖分子爱用炸弹，所以，他可能是斯拉夫后裔。

（13）斯拉夫人多信天主教，他必然定时上教堂。

（14）他的恐吓信多发自纽约和韦斯特切斯特。在这两个地区中，斯拉夫人最集中的居住区是布里奇波特，他很可能住在那里。

（15）持续多年强调自己有病，必是慢性病。但癌症不能活16年，恐怕是肺病或心脏病，肺病现在已容易治愈，所以他应该是心脏病患者。

根据这种因果扩散的分析，博士最后得出结论：警方抓他时，他一定会穿着当时最流行的双排扣上衣，并将纽扣扣得整整齐齐。而且，建议警方将上述15个可能性公诸报端。F.P重视读报，又不肯承认自己的弱点，他一定会作出反应以表现他的高明，从而自己提供线索。

果不其然，1956年圣诞节前夕，各报刊载这个可能性后，F.P从韦斯特切斯特又寄信给警方："报纸拜读，我非笨蛋，决不会上当自首，你们不如将爱迪生公司送上法庭为好。"

依循有关线索，警方立即查询了爱迪生公司人事档案，发现在20世纪30年代的档案中，有一个电机保养工乔治·梅斯特基因公烧伤，曾上书公司诉说染上肺结核，要求领取终身残废津贴，但被公司拒绝，数月后离职。此人为波兰裔，当时（1956年）为56岁，家住布里奇波特，父母双亡，与其姐同住一独院。他身高1.75米，体重74千克，平时对人彬彬有礼。1957年1月22日，警方去他家调查，发现了制造炸弹的工作间，于是逮捕了他。当时他果然身着双排扣西服，而且整整齐齐地扣着扣子。

万物皆有关联，由此可以及彼，串点可以成线，有效牵住一线，或可掌控全局——这就是推理思维的价值所在。

那些懒惰平庸的人往往不善于思考，这就造成了他们摆脱困境的反应能力受到了很大制约。然而，那些善于思考的人却能够在短时间内找到解决问题的办法，最终成就自己。

艾伦·莱恩是英国人，他在年轻时继承了伯父的事业，出任希德出版社的董事。但在当时，出版社的处境已是举步维艰，莱恩绞尽脑汁，试图另辟蹊径，使出版社"柳暗花明"。

有一天，当莱恩在一个候车室旁的书摊上漫无目的地扫视时，他突然发现，书摊上除了高价新版书、庸俗读物外，几乎没什么可看之书，而且，这些书大部分都是价格昂贵的精装书。

这个发现触动了莱恩的灵感："要想赚大钱，出版价格低廉的平装书是个好办法。"因为精装价格很贵，一般老百姓根本买不起。

莱恩出版廉价丛书的计划在英国出版界引起了强烈的反响，有人说这是自取灭亡，有人说这会严重影响整个图书界。莱恩认为这个办法是让他的企业走出困境的唯一出路，所以他毫不动摇。

第一套平装系列丛书共10本，规格比精装本缩小了。这不仅节省了封面制作的成本，也节省了纸张，再加上莱恩决定以购买再版图书重印权的方式出版这10本书，因而大大降低了成本。莱恩把每本书的价钱压到6便士，这样，人们只要少吸6支香烟就可买到一本书。

　　这套书的封面很引人注目，因为莱恩在上面设计了一个逗人喜爱的丛书标志物——一只翘首站立的小企鹅。因此，莱恩把这套丛书起名为《企鹅丛书》。莱恩还用颜色表示图书的类别：紫色为剧本，浅蓝色为传记，橘红色为小说，灰色为时事政治读物，绿色为侦探类作品，黄色为其他类别读物。这一系列的改革使这套书不仅在外观上鲜艳明快，让人耳目一新，而且在装订上显得简单朴实，印刷上更是字迹工整。

　　1935年7月，第一批10卷本《企鹅丛书》正式问世，在不到半年的时间里，这套书就销售了10万册。

　　就这样，莱恩的做法使自己的图书事业又走向了一个高峰。

第七章

换位逻辑——
大家赢才是真的赢

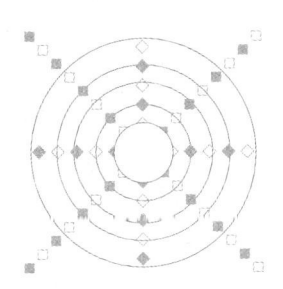

1. 与优秀的人同行，你才会优秀

有句话说得好：你是谁并不重要，重要的是你和谁在一起。古有"孟母三迁"，足以说明朋友的重要性。雄鹰在鸡窝里长大，就会失去飞翔的本能，怎能搏击长空，翱翔蓝天？野狼在羊群里成长，也会"爱上羊"而丧失狼性，又怎能叱咤风云，驰骋大地？原本你很优秀，却由于周围那些消极的人影响了你，使你缺乏向上的压力，失去了前进的动力。

如果你想像雄鹰一样翱翔天空，那你就要和群鹰一起飞翔，而不要与大雁为伍；如果你想像野狼一样驰骋大地，那你就要和狼群一起奔跑，而不能与鹿羊同行。正所谓"画眉麻雀不同嗓，金鸡乌鸦不同窝"，这就是潜移默化的力量和耳濡目染的作用。

曾经的艾薇尔不仅可爱清纯，而且为人热情，仿佛天使一般。不管走到哪里，她都会结交一些贴心的朋友，好姐妹更是数不胜数。但艾薇尔有个致命的弱点，就是不懂得择友。

一次，一位同学带她去酒吧体验生活，她在那里结识了一群活泼的女孩，她们叛逆的语言、另类的生活方式让艾薇尔深感好奇。女孩们在酒吧里放肆地舞动，将青春张扬得淋漓尽致，这一幕深深地吸引了艾薇尔。于是，她不顾同学的提醒，与这些酒吧女孩互留了联系方式，并在后来的日子里频繁见面。

艾薇尔的想法很单纯，认识一些叛逆的女孩并没什么不好，可以让自己体会到别样的生活方式，至于是否会跟她们学坏，她认为自己有足够的自控能力。她相信，自己在最基本的道德问题上还是有原则底线的，跟她们交往只不过是一块儿寻开心罢了。

之后，艾薇尔经常与这些朋友们一块儿参加聚会，与她们一起喝酒、唱歌，甚至一起过夜。刚开始，听到朋友们说着粗野的话，她只是感觉很好玩，在一边偷笑，可渐渐地，她也被传染了，不知不觉地也说起了脏话。她的变化让曾经的同学深感吃惊，但她始终不愿接受同学们善意的提醒，还劝大家不要将那些叛逆的女孩想得太坏。

终于有一天，在一个聚会上，那些新朋友让艾薇尔接触到了一个新事物——毒品。艾薇尔的潜意识里对此十分排斥，但看到朋友们吸完毒品后一个个犹如腾云驾雾般的舒服劲儿，她便渐渐失去了自控能力。在她心里，两个声音在不停地争吵，一个声音告诫她千万不要沾染毒品，另一个声音则诱惑她：就吸一口，没事的。最后，艾薇尔没能经得住诱惑，选择了短暂的"神游"，可从此之后，她便对毒品产生了依赖，一发不可收拾。若不是被警方及时发现，被送去强制戒毒，这个正值青春年华的少女就可能会被彻底毁掉。

如同网络病毒能够破坏你的电脑数据一样，如果你的身边存在着不良人脉，你的人生也将不可避免地陷入不堪的境地。因此，我们需要为自己建立一个强大的"防火墙"，将那些"毁灭性的病毒"隔绝在外。

人脉分为优质人脉、中等人脉、低质人脉。中等人脉只起到一般作用，没有什么特别的影响；而低质人脉往往会起到反作用，阻碍你走向成功；唯独优质人脉可以有效地保证你的成功。优质人脉也就是我们所说的智者，他们人品好，为人豁达大度，社会地位高，综合素质比较高。结交这种层次相对较高的人，对于自己整体实力的提升会有很大帮助，而且，只有认识这些能够帮助或改变你的人，才能构建真正有价值的交际圈。

美国总统奥巴马原来只是一个普通的青年，既没有什么政治背景，也没有亿万财富的身家，不过，他却凭借着优质的人脉关系，挫败了对手，成功竞选为美国总统。

奥巴马曾经在哈佛商学院攻读法学博士，结交了许多哈佛校友中的精英人物，最著名的就是米切尔·弗洛曼以及卡桑德拉·巴特斯，他们两个人后来为奥巴马的竞选积极出谋划策，并替奥巴马指出了竞争对手麦凯恩的死穴。因为历届大选最为关注的都是经济问题，他们认为奥巴马只要捏住对手的经济死穴，对方将不得翻身。奥巴马果断采用了他们的建议，在经济问题上对对手进行猛烈攻击，最终取得了胜利。

无论如何，总统大选都是需要钱的，奥巴马没有丰厚殷实的家底，在经济上完全处于劣势，但他在芝加哥任教时，结交了许多商界名流，他们后来成为了奥巴马的筹款机，不仅积极为奥巴马提供竞选所需资金，还动用自身关系网来帮助奥巴马。奥巴马虽然没有足够强大的硬性条件，却因为拥有优质的人脉资源而最终获得了成功。

与一流的人交往，自己也容易成为一流的人物。优质人脉具备优质的资源和实力，而且本身也拥有优质的人际关系网。成功靠的是人脉，特别是优质人脉，优质人脉就是成功最理想的助推器。

《圣经》中有这样一句话："与智慧的人同行，必得智慧；和愚昧的人为伴，必受亏损。"这句话告诉我们，与智者同行，建立起自己的优质人脉圈，是非常重要的一件事情。倘若将愚昧之人、小人纳入自己的关系网中，对于个人的发展而言，无疑是一种愚蠢到极点的行为。

2. 帮他人得到他们想要的东西

与人交往的前提是理解对方。每个人都有自己的希望和追求，想要成为对方信任的人，就必须尝试着了解和尊重对方的需求。当你努力替别人实现和创造幸福的时候，你一定会打动对方的心，从而拉近彼此的距离。一个善于交际的人，一定懂得如何去成全别人的快乐和幸福。

西门和葛芬柯两个人是同乡，而且年龄相当，生日只相差3个星期。14岁时，他们同在当地的合唱团里唱和声。24岁时，他们两个有了第一张高居排行榜榜首的唱片《寂静之声》，人们认为他们会成为流行歌坛中最成功的歌手。

接着，他们创下了歌坛纪录：唱片《回家的路上》《我是一块滚石》都脍炙人口，红极一时。影片《毕业生》中他们所唱的主题曲《罗宾逊夫人》，一经唱出，便风靡全国。他们的唱片集《恶水上的大桥》不但赢得了5项格莱美奖，还售出了15万张。不过，这是他们的最后一次合作。

29岁那年，西门和葛芬柯两人分道扬镳。分手之后，两个人谁也没有获得过当初合作时所取得的成就。

他们合作时，是西门作曲，葛芬柯演唱，也就是说，他们一个是幕后的创作者，一个是台前接受掌声的歌唱家。西门在提到《恶水上的大桥》唱片集时，表情很无奈地说："歌是由我写出来的，我也知道得由葛芬柯来演唱才行。可是，他是那样的成功、受崇拜，我却在一旁受冷落，眼睁睁地看着荣耀都堆在葛芬柯一个人身上，心里真是很不好受。"

心理学家认为，人的行为驱动力其实就是欲望，满足欲望是正常生活的一部分。如果满足了一定的欲望，那么生活也会增添相应的幸福，而这种幸福并不总是自己创造的，有时也可以由别人给予。当你伸出援手，达成了别人的心愿，满足了别人的欲望时，实际上也就给予了对方幸福，如此一来，对方一定会增加对你的信任，甚至真诚地予以回报。

第二次世界大战中，德国绕过马奇诺防线，大举进攻法国。法国士兵面对德军的突袭，完全陷入了慌乱，无法做出有效的抵抗。为了保证大部队能够及时转移，保存将来抗战的实力，一小部分法国军队充当阻击部队，希望能拖延德军的进攻。

马歇里是一名刚从军校毕业的士官，他和其他小部分士兵一样担负起掩护主力部队撤退的任务。他在德军飞机的轰炸中救下了正在逃亡的青年洛里，为了报答马歇里的恩情，洛里决定随这位年轻的士官一起出生入死，但马歇里以洛里年纪太小为由拒绝了他的请求。遭到拒绝后，洛里并不甘心，后来，他得知马歇里的家中还有一位双目失明的老母亲，而战火即将蔓延到那里，可是马歇里不能说服自己离开战场，只希望有人替他照顾母亲。

洛里了解情况后，当天夜里就动身前往马歇里的家乡，两天后，他找到了恩人的母亲，并带她躲进了地下室。法军和英军在敦刻尔克成功大撤退后，马歇里和同伴们也顺利完成了任务，因此，他决定回家看看母亲。当他在废墟中见到扶着母亲的洛里时，他的眼眶湿润了，紧紧抱住了洛里和母亲。此后，马歇里与洛里成了生死之交。

懂得满足别人，并施人以幸福，对方才会愿意同你一起分享，幸福有我的一半，也应当有你的一半。这是一种情感的互换，但在交换过程中，感情往往会变得更加深厚。

日本声名远播的顶级猎头冈岛悦子说："只有了解了大家的兴趣，投其所好，才能产生沟通和交往的契机。"别人不想要的，不可强加给对方；反过来说，别人想要的，就应该尽量予以满足。不过，这种满足必须遵循一定的条件。帮助朋友并不是单纯地凭借义气，而应该控制在道德和法律允许的范围之内。孔子说："君子成人之美，不成人之恶。"一旦超出了道德和法律允许的范畴，你的行为就是助纣为虐，性质也就完全改变了。

3. 别把你不想要的强加给别人

早在两千多年前，孔子便说出了这样一句颇具深意的话："己所不欲，勿施于人。"一句话道出人际交往中的基本原则。用自己的心去推及他人，自己希望怎样去生活，就要想到别人也希望怎样去生活；自己不愿意他人如何对待自己，就要首先记住不能这样对待他人。

英国哲学家伊赛亚·伯林认为自由分为两种：一是积极自由，即自由地做自己想做的事；二是消极自由，让自己免于做自己不想做的事。而后一种自由往往比前者更为重要。将自己不看重的价值给予他人，很可能会在"为他人造福"的名义之下实施对他人自由的剥夺。相对来说，"己所不欲，勿施于人"更接近自由的真谛，但在处理人际关系时，这一点相对于其他要求来说也更难做到。

某个非洲国家的黑人虽然占大多数，但他们的执政政府却是白人控制。为了维持所谓的"白人权利"，纯正自己的肤色，白人政府规定：不许黑人进入白人专用的各种公共场所。有了这样的规定之后，当地的白人更加看不起黑人，他们不愿意与黑人来往，认为他们是世界上最低微、最下贱的种族，唯恐避之不及。

一天，一个美丽的长发白人女子来到海边，打算晒日光浴。她十分喜爱这里的海风和沙滩，唯一不满意的是，这里也会有黑人出现。由于旅途疲劳，她还没来得及涂抹防晒霜就睡着了，当她醒过来的时候，太阳已经下山了。此时，她感觉到肚子非常饿，于是径直走进了沙滩附近的一家餐馆。

当她推门而入时，餐厅的工作人员看了她一眼，却没有主动上前招呼。女子感到有些奇怪，但她还是找到了一张靠近窗户的椅子坐下来。大约过了15分钟，仍然没有一个侍者前来招待她，她看到那些服务生们都围在比自己晚来好久的客人身边，对自己的几次示意都不理不睬。女子顿时怒火中烧，并起身朝前台走去，打算讨个说法。

女子刚走了几步，正巧经过一面大镜子，她无意中看了一眼镜中的自己，顿时惊呆了——自己竟然被晒得像个黑人一样。女子的眼泪瞬时夺眶而出，此时，她才明白那些被社会所歧视、遗弃的黑人的真实感受。

每个人都希望自己生活在一个公平、公正的环境中，拥有自己想要的生活，受到他人的尊重。但现实生活中，我们却常常将自己的想法强加给他人，还以为是在为他人考虑，殊不知，对方的思想和生活也许会因此而蒙上一层阴影。所以，我们在为他人提出建议或强迫他人做某事之前，最好先反问一下自己：如果我来做这样的事，如果他人命令我这样做的话，我会高兴地接受吗？如果你的回答是否定的，就请你保留自己的想法与建议。

在人与人相处的过程中,由于彼此的观念、个性都不尽相同,所以不可避免会发生一些冲突。应对这些冲突的最好方法就是站在别人的角度与立场去想问题,不要将自己不想要的东西、不愿意承受的事情、还未认同的想法与观念强加于别人。

4. 看破不说破,给人留面子

哈佛大学心理学家发现,人们总是会在发现和纠正别人的错误中获得身心的愉悦,他们渴望力所能及地改变别人的错误,却往往忽略了一点:几乎每一个人都不喜欢别人对自己的行为决策指指点点,不愿意被人发现并指出自己的错误和缺陷。

在英国经济大萧条时期,18岁的凯丽好不容易才找到了一份在高级珠宝店当售货员的工作。在圣诞节前夕,店里来了一位30多岁的顾客,他衣衫破旧,满脸忧愁,用一种可望而不可即的目光,盯着店里那些高级首饰。

凯丽去接电话的时候,不小心把一个碟子碰倒了,6枚价值不菲的钻戒掉到了地上。她急忙弯腰捡起其中的5枚,但最后一枚却不见踪影。当凯丽抬起头时,她看到那个30多岁的男子正向门口走去,她立刻意识到戒指被他拿去了。就在男子的手贴近门柄时,凯丽柔声喊道:"对不起,先生!"

那男子听了凯丽的喊声后,转过身来,两人相视无言,沉默有几十秒之久。"什么事？"男子问道，脸上的肌肉不停地颤抖。

凯丽神色忧伤地说："先生，这是我的第一份工作，现在找个工作很难，想必您也深有体会，是不是？"

那名男子沉思片刻，终于露出了一丝微笑。接着，他说："是的，的确如此。不过我敢肯定，您在这里会做得不错。我可以为您祝福吗？"说完，男子便向前一步，把手伸向女孩。

"谢谢您的祝福。"凯丽也立即伸出手，两双手紧紧握在一起，男子用很柔和的声音说："我也祝您好运！"

接着，男子转过身，朝门口走去。凯丽看着男子的身影消失在门外，转身走到柜台，把手中握着的戒指放回了原处。

真正伤害心灵的不是刀子，而是比刀子更厉害的东西——恶语。俗话说："良言一句三冬暖，恶语半字六月寒。"我们在生活中与人说话时可能会给对方造成伤害，这是我们必须谨慎注意的。

因一时嘴快而招来别人的反感，给自己带来灾难的例子不胜枚举。所以，我们要明白"看破不说破"的道理。人们为了塑造自己良好的社交形象，在公众场合会表现出更为强烈的自尊心和虚荣心。在这种心态的支配下，人们可能会刁钻地拆穿别人的小伎俩、小把戏，嘲讽别人的小缺点、小错误，给别人造成加倍的伤害。

有一次，英国王室准备举办一个大型的宴会招待来自印度各地区的首领，一向以稳重聪明著称的温莎公爵奉命接受了主持宴会工作的任务。他深知女王陛下对这次宴会的重视，也明白宴会独特的政治意义，所以他非常注重把握每一个细节，尽量让这个宴会完美无缺。

在温莎公爵的精心安排下，宴会进行得非常顺利，宾主尽欢。在宴会即将结束的时候，细心的温莎公爵还特意命人打来洗手水，不过面对那些用银器精心打造的洗脸盆，印度首领们却误解了主人的意思，他们以为这是主人给予的清茶，结果大家都毫不犹豫地端起脸盆，尽情享用起来。

宴会上的那些英国皇家贵族对这一幕目瞪口呆，他们万万没有想到对方会产生这样的误解。可是众人也没有任何办法，在这样的场合下，如果直接提醒对方这是洗手水，那么无疑会极大地伤害客人的自尊心，弄不好还会引起政治争端；但是，如果任由对方喝掉，又感觉像是一种欺骗和侮辱，终究显得不太得体。

就在大家无所适从的时候，温莎公爵微笑着端起精致小巧的脸盆一饮而尽，这时贵族们也纷纷效仿，端起来与众人共享。这样一来，一场尴尬就瞬间消于无形，而温莎公爵过人的智慧和高超的交际手段也博得了众人的一致赞赏。

如果你可以适时地为陷入尴尬境地、丢了面子的人提供一个恰当的"台阶"，让他挽回面子，你将立刻获得别人的好感，为自己树立良好的形象。

比利·山戴曾经在演讲中提道："人们总是喜欢揭他人的短处，而事实上，这是一种极为堕落的做法。一个连自己都无法控制与左右的人，有什么权利去左右他人？"人际交往就是这样，你对别人伶牙俐齿，别人势必对你以牙还牙；你以揭别人伤疤为乐，别人肯定会加倍为你制造痛苦。只有给别人留足"面子"，多给别人"台阶"下，别人才会为你"搭台"。

5. 竞争的最好结果也不如合作双赢

在心理学上有一个互惠关系定律，说的是"给予就会被给予，剥夺就会被剥夺；信任就会被信任，怀疑就会被怀疑；爱人就会被人爱，恨人就会被人恨；破坏就会被破坏，给人好处就会有回报"。

第一次世界大战期间，德国有一些特种兵，他们的任务是深入敌后，抓俘虏回来，进行审讯，获得需要的信息。当然，一旦得到需要的信息，被抓来的俘虏也就没有什么价值了，通常会被杀掉。

当时打的是堑壕战，不管哪一方的大队人马，要想穿过两军对垒前沿的无人区，都是十分危险和困难的。但是，如果让一个士兵悄悄爬过去，溜进敌人的战壕里，那就容易多了。

当时，参战双方都有执行这种任务的特种兵，双方经常派这种特种兵去抓俘虏回来。

有一个非常出色的德国特种兵，以前曾多次成功地完成这样的任务。

这一次，上司又让他出发了，他信心十足，觉得肯定能顺利完成任务。他熟练地穿过两军之间的无人区，顺利地潜入了敌军的战壕中。

真是太幸运了，他恰好遇见了一个落单的士兵，这个士兵正在毫无戒备地吃东西。德国特种兵悄悄走过去，准备缴下这个落单士兵的枪。这个士兵此时手中举着正在吃的半个面包。一下子被碰触到，不清楚发生了什么事情，下意识里把剩下的面包递给了突然闯进来的人。

就是这个下意识的动作，救了他的性命。德国特种兵忽然被这名士兵的行为打动了，这个士兵的举动让他改变了自己的行为。他没有俘虏这个士兵,而是悄悄爬了回去。他知道这次任务失败了,但他并没有觉得遗憾。

为什么这个德国特种兵会被一块面包打动呢?其实,这正遵循了心理学上的互惠关系定律。人通常都有这样一种心理,就是在得到别人的好处或好意后,会想尽办法找机会回报对方,否则心理上就过意不去。

可惜的是,大多数人看到的只是自己的利益,却没有认识到这一点:在某一方面取得了胜利,在另一方面却极有可能付出同等的代价。目光短浅的人在谈判时只想着不断地索取眼前利益,而不愿意为长久的发展与谈判对手长期合作,所以,这种博弈的结果往往不是你输就是我输,最终也只能是"零和"。

"双赢"则是指一种互相妥协与合作的理念,谈判者不仅看到了眼前利益,还看到了长远利益;不仅看到了自己的利益,还充分考虑到了他人的利益。这样的谈判者在谈判时会综合考虑,本着利己也利人的原则去沟通,最终达成"双赢"的局面。将对手变成朋友,能够壮大自己的力量,帮助自己走向成功。

第二次世界大战结束后,日本企业竞争力迅速下降。为了改变这种局面,20世纪50年代,日本经济界开始流行起了"大企业之间合并、协作与产业再组织论"。当时,佐藤荣作向经济界发出号召称:"我们的国家已经进入了最危险的时刻,是否能够挽救濒临崩溃的经济,就在于各位是否愿意发挥各自优势帮助同行业的人了!"为了改变国际竞争力低下的情势,日本政府与各大经济联合体结合起来,做了大量的工作。

从1953年开始,日本政府开始允许垄断企业之间进行相应的支持,并解除了现金流、人事互派、现金支付等方面的限制，极大地促进了日本现代大企业的形成与发展，并出现了以三井、三菱、住友、芙蓉、三和、第一劝银为代表的"六大企业集团"和以日立、丰田、新日铁为代表的"独立系企业集团"。

这些集团的成员企业虽然在经营决策方面保持着自己的独立性，但有一个名为"总经理会议"的直接纽带来连接。这个会议会定期召开，每个成员企业的总经理会在会议上交换信息，联络感情。同时，这一会议也是各个企业的领导统一决策、协调财团战略发展、应对外来竞争的"总枢纽"。

正是靠以这种会议与相互持股为基础的联合体，各大财团的向心力才开始不断增强，企业间的合作、资源的整合也得到了不断的加强。这种表面看起来松散的日本财团，相互间有着紧密的联系，会在对方出现危机时果断伸手相助。挽救东芝于危难之中，素有"重建之王"称号的东芝前任社长土光敏夫便曾经是三井财团旗下的集团社长。

综合商社是财团的另一核心组织，这一组织不仅是财团获得情报的重要机构，也是拓展海外市场的最大先锋，它对整个财团的资源拥有巨大的协调能力。当日本企业进入某个陌生的地区或国家时，他们会在第一时间找到本财团综合商社在当地的分支机构，以寻求对方的协助。为了发展与壮大自己的综合商社，各个财团都会竭尽一切所能，提供各种各样的支持。

可以说，日本企业之所以能够在第二次世界大战后迅速崛起，在很大程度上依靠了财团所提供的各种信息与资源支持。

当合作团体取得成功的时候，每一个人都会取得进步，这样的进步会促使每一个成员继续努力奋斗。有对手就会有压力，当别人和你一样成功的时候，你可能会不断地逼迫自己勇往直前，奋力追赶，进步就会快得多；当别人对你无法构成威胁的时候，你的危机意识就会减少，向前迈进的动力也会少很多。

6. 顺着别人的思路，办成自己的事

总对别人指手画脚，有时候会导致事情走向你所希望的反面；若是能从对方的立场出发，将他的思路引导到你的思路上来，往往会更容易达到自己的目的。换位思考是一种常用的思考方式，在日常生活中的应用相当普遍。一个人的原始观点是源于一种主观性很强的思维方式，有些情况下不具有实用性，是片面、独立、不具有现实可行性的思维方式。而换位思维则能够使观点的主观性得以淡化，使观点更加全面，更容易被普遍接受。一个人不可能天生具有超强的决策能力，只有后天不断地接受他人的观点，然后加以磨炼，才能逐步地形成合理的决策方式，换位思维在其中起到了催化剂的作用。

换位思维的应用更能让对方认可你。你如果直接否定对方的意见或观点，是很难让他人接受的。当你站在对方的立场上考虑问题时，或许也能感受到对方观点存在的可能性，再通过对所有这些观点进行整合，有助于获得更全面的认识。

罗斯福做纽约州长的时候，完成了一项特殊事业，就是虽然与其他政治首脑们感情并不好，但他却能推行他们最不喜欢的改革。罗斯福是如何做到的呢？

当有重要位置需要补缺的时候，罗斯福就会请政治首脑们推荐人选。

"最初，"罗斯福说，"他们会推荐一个能力很差的人选，是需要'照顾'的那种人。我就告诉他们，任命这样一个人，我不能算是一个好的政治家，因为公众不会同意。"

"然后，他们向我提出另一个工作不主动的候选人，是来混差事的那种人。这个人工作没有失误，但也不会有什么很好的政绩。我就告诉他们，这个人也不能满足公众的期望，我请他们看看，能不能找到一个更适合这个位置的人。"

"他们的第三个提议是一个差不多够格的人，但也不十分合格。于是，我感谢他们，请他们再试一次。他们这时就提出了我自己选取中的那个人。我对他们的帮助表示感谢，然后我说就任命这个人吧。我让他们得到了推荐人选的功劳……我请他们帮我做这些事，为的是使他们愉快，现在轮到他们使我愉快了。"

他们真的这样做了。

他们赞成各种改革，如公民服役案、免税案等，这使罗斯福的工作开展得很顺利。

当罗斯福任命重要人员时，他使首脑们真正地感觉到，是他们"自己"选择了候选人，那个任命是他们最早提出的。

有些事情是我们想做而别人不太同意做的，那该怎么做呢？来"硬"的、来"横"的都可能会使事情变得更糟，所以，这时就该先顺着别人的意思，再巧妙地把我们的意图通过他们来实现，以成全我们自己。

顺着别人的意图来，首先是促成与对方合作的一个前提和推动力量，但更主要的是，这样做可以更顺利地达到自己的目的。

第七章 换位逻辑——大家赢才是真的赢

威尔森是专门为一家设计花样的画室推销草图的推销员，对象是服装设计师和纺织品制造商。一连三个月，他每个礼拜都去拜访纽约一位著名的服装设计师。"他从来不会拒绝我，每次接见我都很热情，"他说，"但他也从来不买我推销的那些图纸，他总是很有礼貌地跟我谈话，还很仔细地看我带去的东西。可到了最后总是那句话：'威尔森，我看我们是做不成这笔生意的。'"

经过无数次的失败，威尔森总结了经验，他太遵循老一套的推销方法，一见面就拿出自己的图纸，滔滔不绝地讲它的构思、创意，新奇在何处，该用到什么地方，客户都听烦了，是出于礼貌才让他说完的，威尔森认识到这种方法已太落后，需要改进。于是，他下定决心，每个星期都抽出一个晚上去看处世方面的书，思考为人处世的哲学，以便发展新的观念，创造新的热忱。

过了不久，他想出了对付那位服装设计师的方法。他了解到那位服装设计师比较自负，别人设计的东西大多看不上眼。于是，他抓起几张尚未完成的设计草图来到那个设计师的办公室。"鲍勃先生，如果你愿意的话，能否帮我一个小忙？"他对服装设计师说，"这里有几张我们尚未完成的草图，能否请您指点一下？"设计师仔细地看了看图纸，发现设计人的初衷很有创意，就说："威尔森，你把这些图纸留在这里让我看看吧。"几天过去了，威尔森再次来到设计师的办公室，服装设计师对这几张图纸提出了一些建议。威尔森用笔记下来，然后回去按照他的意思很快就把草图完成了，结果，服装设计师大为满意，将这些草图全部买了下来。

从那之后，威尔森总是去问买主的意见，然后根据买主的意见绘制草图。买主一般都会对这些图样很满意，因为这相当于是自己设计的。威尔森从中赚了不少的佣金。

"我现在才明白，那么多天过去了，为什么我和他们不能做成买卖。"威尔森若有所思地说，"我在以前总是催促他快来买，还告诉他这是他应该买的，买了对他很有用，而他却不以为然，认为这里不合适，那里不新颖。而现在我按他的意思去做，他觉得是他自己创造的，实际上还有别人的功劳。这样就满足了他内心中那种渴望——表现出自己的优越，他再也不能拒绝'他自己的'东西了。这就变成了他要而不是我推销，工作起来就容易多了。"

没有谁愿意被人强迫去做事情，或把别人的意愿强加给自己。因此，想办成某事就要先顺着别人，然后再把本属于自己的意图通过他人来实现。

艾登·博格基尼是美国著名的音乐经纪人之一。他曾做过许多世界著名演唱家的经纪人，都十分成功。

众所周知，由于舆论和社会的吹捧，明星的身价十分高，这从客观上使他们形成了一种孤高、不可一世的气质。他们那种不合作的态度时常令一些音乐经纪人十分头痛。卡尼斯·基尔勃格是美国著名的男高音歌唱明星，他那浑厚、高昂的声音赢得了众人的青睐。但就是这种青睐，使他养成了一种坏脾气。但是，艾登·博格基尼却成功地做了他的音乐经纪人达5年之久。说到其中奥妙，艾登·博格基尼叙述了一件令他难忘的事：

一次演出的头天晚上，卡尼斯·基尔勃格在与朋友的聚会上不小心吃了一块辣椒，结果可想而知。万幸的是及时采取了措施，没造成什么大的妨碍。但是当天下午4点，卡尼斯·基尔勃格打电话给艾登·博格基尼，说他的嗓子又痛了起来，无法演出。

这下可急坏了博格基尼，他立刻赶到基尔勃格的住所，询问他的情况。他十分明智，没有提当天晚上的事，只是叮嘱他好好休息。到了晚上7点，仍不见好转，博格基尼对基尔勃格说："既然你仍不能进入状态，那就只好取消这次演出了，虽然这会使你少收入几千美元，但这比起你的荣誉来，算不了什么。"就在博格基尼驱车前往纽约歌剧院，打算取消这次演出时，基尔勃格终于打电话来了，他说他今天晚上愿意参加演出，因为，如果他不这样做的话，他就实在太对不起博格基尼了，是博格基尼的慰藉使他恢复了状态。

要使别人信服你，那你首先要真诚地尽力站在对方的立场上看问题。一味地对别人指手画脚，只会激起他们的逆反心理，导致事情走向你所希望的反面。若是从对方的立场出发，将他的思路引导到你的思路上来，让他站在你所搭建的舞台上，往往更会容易达到自己的目的。

7. 为他人着想，是一种成功的动力

不管是从历史的角度，还是从人际交往的角度看，都应该以一颗真诚的心来对待别人，将心比心地多替别人想一想，经常进行"换位思考"，站在别人的立场想问题。卡耐基说过："一个人的成功只有15%是依靠专业技术，而85%是依靠人际交往、有效说话等软科学本领。"如果一个人能够设身处地为他人着想，不仅可以在无形之中化解人与人之间的矛盾，还能升华自己的人格；相反，若只考虑自己的立场而忽略他人的感受，最终只会让自己痛失亲人、朋友，在自己危难之时也会缺少援助。

1754年，美国独立以前，弗吉尼亚殖民地议会选举在亚历山大里亚举行。以后成为美国总统的乔治·华盛顿上校此时作为这里的驻军长官，也参加了这次选举活动。

选举最后集中于两个候选人，大多数人都支持华盛顿推举的候选人，但有一名叫威廉·宾的人则坚决反对。为此，他同华盛顿发生了激烈的争吵。争吵中，华盛顿失言说了一句冒犯对方的话，这无异于火上浇油。脾气暴躁的威廉·宾怒不可遏，一拳把华盛顿打倒在地。

华盛顿的朋友们围了上来，高声叫喊要揍威廉·宾。驻守在亚历山大里亚的华盛顿部下听说自己的司令被辱，马上带枪赶了过来，一时间，气氛十分紧张。

在这种情况下，只要华盛顿一声令下，威廉·宾就会被打成肉泥。然而，华盛顿是一个头脑冷静的人，他只说了一句："这不关你们的事。"

第二天，威廉·宾收到了华盛顿派人送来的一张便条，要他立即到当地的一家小酒馆去。威廉·宾马上意识到，这一定是华盛顿约他决斗。于是，富有骑士精神的他毫不畏惧地拿了一把手枪，只身前往。

一路上，威廉·宾都在想如何对付身为上校的华盛顿。但当他到达那家小酒馆时却大感意外，他见到了华盛顿那真诚的笑脸和一桌丰盛的酒菜。

"宾先生，"华盛顿热诚地说，"犯错误乃是人之常情，纠正错误则是件光荣的事。我知道我昨天是不对的，你在某种程度上也得到了满足。如果你认为到此可以和解的话，那么请握住我的手，让我们交个朋友吧。"

威廉·宾被华盛顿的宽容感动了，他把手伸给华盛顿："华盛顿先生，请你原谅我昨天的鲁莽与无礼。"

从此以后，威廉·宾成为了华盛顿坚定的拥护者。

第七章 换位逻辑——大家赢才是真的赢

善解人意，能够设身处地地为他人着想，这样的人往往更容易得到他人的理解和支持。

著名物理学家斯蒂芬·霍金的第一任夫人简·怀尔德，就是一位善于为他人着想并因此赢得广泛赞誉的杰出女性。

斯蒂芬·霍金有着"继爱因斯坦以后世界上最杰出的理论物理学家"的美誉，他1942年8月出生于英国，1963年，年仅21岁的他被诊断患有"卢伽雷病"（运动神经元疾病），不久便完全瘫痪，被长期禁锢在轮椅上。1985年，霍金因患肺炎做了气管手术。此后，他完全丧失了说话能力，只能靠安装在轮椅上的一个小对话机和语言合成器与他人进行交流。在这样一种令人难以置信的艰难中，霍金成为世界公认的引力物理科学巨人，提出了著名的"黑洞理论"，他的《时间简史》一书也成了闻名全球的畅销书。

俗话说，一位成功的男人背后必定有着一位伟大的女性，此言不虚。像霍金这样丧失了行动与说话能力的重症患者，如果没有妻子简对他的悉心照料和无私奉献，他的人生是难以想象的。

毕业于伦敦大学的简原想去外交部工作，但为了照料霍金，她放弃了自己的锦绣前程，甘心做一个忙忙碌碌而又尽职尽责的家庭主妇。然而，霍金家族中的某些人对她很不友好，特别是霍金生性孤傲的妹妹菲丽帕对她更是常常冷嘲热讽。一次，菲丽帕患病住院，简陪同丈夫去医院看望她，结果在病房门口，简被告知，菲丽帕只想见霍金，不想见她。那一刻，简感到十分委屈和尴尬。但她很快就控制住了自己的情绪，设身处地为菲丽帕着想：一个人生病住院，心情当然不好，自己来看她就是希望她有一个好心情，既然她不想见自己，一定有她的道理。这样一想，心中的委屈与懊恼便烟消云散了。她微笑着目送丈夫走进病房，自己留在外面，在门口的长凳上边看书边等丈夫，一等就等了两个多小时。

　　两个月后，简收到了菲丽帕寄来的一封信。在信中，菲丽帕为医院那件事向简作了道歉，并表示，从此以后，她将成为简最忠实的朋友之一。可以设想，如果简在探视病人而被拒之门外时拂袖而去，甚至冲进病房与病人理论一番，那么，两人原本就不和谐的关系只会更加趋向恶化。而简因为愿意设身处地为对方着想，所以选择了忍让，选择了委曲求全，终于打动并感化了对方。正是凭借忍让这一美德，简消除了菲丽帕对她的偏见，赢得了霍金家族上上下下的尊重和欢迎。

　　人非圣贤，孰能无过？所以，当对方无意间冷落了自己、冒犯了自己时，要尽可能以博大的胸怀宽容对方，原谅对方，而不是无论对谁，无论对何事，都要针锋相对、斤斤计较。

8. 扭转角度，解决问题很容易

　　思维换位是站在他人的角度来思考问题、分析问题和解决问题的一种思维方式。它能促使人与人之间在思想上和情感上的沟通，能有效地防范和化解一些矛盾冲突。由于人性弱点的限制，很多人在处理问题和与人交往时，总是立足于自己的立场，考虑更多的是自己的利益和需要，却很少关心他人的需要，更别说从对方的立场来看待问题了。倘若你能先行一步，转换一下立场，考虑对方的需要和感受以对方期待的方式来对待他，那么，你不仅掌握了一个高明的融洽人际关系的交往原则，还掌握了一项通往成功的诀窍。

西方人喜欢喝咖啡，以前那些贵族会用咖啡豆自己磨咖啡，然后再慢慢地煮，非常麻烦。

这时候，咖啡商看到了这里面的商机，便开发了速溶咖啡，推销它方便快捷的特点。上市的时候，咖啡商非常高兴，并且预言：咖啡的革命时代即将到来。

可是，令他们失望的是，速溶咖啡得不到消费者的认可，为什么呢？为了弄清楚原因，咖啡商派了大量的人员去做市场调查。

后来，调查结果出来了：家庭采购咖啡的人主要是主妇，而不少消费者反映说，他们认为买速溶咖啡的家庭主妇是不关心家庭的人，而买传统咖啡的家庭主妇却不是。

原因是什么呢？原来，他们认为：咖啡不同于其他产品，它是用来细细品味的，为自己的家人泡一杯香喷喷的咖啡，这是爱和关心的体现。如果你连这样的工作都不愿意做，怎么能够说你关心家庭呢？

这时候，公司才发现，他们大肆强调的卖点，也是他们最得意的卖点——速度，恰恰是他们最致命的弱点。

搞清楚这一点后，他们便修改了营销策略，不再强调速度，而是在味道上做文章：滴滴香浓，味道好极了！在消费者接受其长处的基础上，再一步步拓展。

不把自己放在第一的位置，才能客观地分析事情。换位思维就是让自己能够站在他人的角度去思考问题，从而对事物做出一个准确的判断，并更好地处理好问题。

威廉姆斯是一个开发游戏软件的高级工程师，但在一年之内，他换了三份工作，老板们对他都不甚满意。一次，他在飞机上巧遇了一位软件开发商，刚准备换第四份工作的他便和这位老板聊了起来。

威廉姆斯口若悬河地谈起了自己的理想，他说自己想开发出一款全世界最受欢迎的游戏软件，但因为怀才不遇，没有找到真正赏识自己能力的人。听完威廉姆斯的一番畅谈，这位老板对他十分感兴趣，当即力邀他加入自己的团队。

然而，威廉姆斯的这份新工作照例在三个月之后结束了，他的夸夸其谈掩饰不了他不注重实际操作的缺点和弊病。当老板认清这个事实的时候，毅然辞退了他。而感到怨愤的他始终不明白，自己究竟为何再次被抛弃了。于是，他回到了母校哈佛大学，向自己曾经的导师安德鲁教授寻求帮助。

安德鲁教授对他说："当你感到怀才不遇、痛苦万分的时候，你有没有仔细想过，自己的才华真如期待中的那么高吗？自己真能胜任那些想象中的工作吗？如果说，遇到第一个不懂得赏识你的人，是对方有眼无珠，遇到第二个仍然看不到你才华的人，是时运不济，那么，当你遇到第三个、第四个，甚至第五个仍然没有重用你的人时，这究竟又是谁的错呢？"听到这里，威廉姆斯恍然大悟，并深深地低下了头。

换位思维是一种非常有益的思维技巧，当人们学会灵活应用的时候，也就是我们成功的开始。执着于一己之见，一味在乎自己，只会陷入困境。

思维方式对我们的影响还体现在人际关系上。我们容易固守自己的思维方式，与人僵持不下，导致人际关系的不和谐。即使有时明知自己错了，但为了维护所谓的"面子"，也要找个理由来掩饰自己。如果思维转化一下呢？事情发生时，换位思考一下，不是去想"我怎样证明自己是对的"，而是去思考"为什么他是这种观点，他从哪个角度考虑的"，双方都这样思考，就不会再有不和谐的事情发生，周围的气氛也会一片祥和。

加里·沙克是一位具有犹太血统的老人，退休后，在学校附近买了一间简陋的房子。住下的前几个星期还很安静，不久就有3个年轻人开始在附近踢垃圾桶玩。

老人受不了这些噪声，出去跟年轻人谈判。

"你们真开心。"他说，"我喜欢看你们玩得这样高兴。如果你们每天都来踢垃圾桶，我将每天给你们每人一美元。"

3个年轻人很高兴，更加卖力地表演"足下功夫"。不料三天后，老人忧愁地说："通货膨胀减少了我的收入，从明天起，只能给你们每人50美分了。"年轻人显得不太开心，但还是接受了老人的条件，并且每天继续去踢垃圾桶。

一周后，老人又对他们说："最近没有收到养老金支票，对不起，每天只能给20美分了。"

"20美分？"一个年轻人脸色发青，"我们才不会为了区区20美分浪费宝贵的时间在这里表演呢，不干了！"

从此以后，老人又过上了安静的日子。

换位思维能让你发现事情的本质，找到最人性化的处事方法。管理血气方刚的年轻人，强制性的命令只会让他们变本加厉，利用换位思考，给足他们面子，才能将其控制在股掌之中，事情的结果才能向自己希望的方向发展。

日常生活中会有许多误会和分歧，处理不好矛盾就会激化，甚至反目成仇。困惑我们的主要问题是：他怎么总这样对待我？其实，如果我们站在对方的立场考虑问题，误会也许就会很快消除。思维换位是非常重要的思维方法，是解决问题的有效途径。

凡事没有绝对的对错，只是各自的角度不同而产生了相异的观点。将思维换位运用到日常生活的人际交往中，不仅能促进人与人之间在思想上和情感上的沟通，还能有效地防范和化解一些矛盾冲突。

同样一个问题，站在不同的角度去看，就会有不同的结果，苦与乐也就在这一念之间。

第八章

迂回逻辑——
绕开障碍，曲径通幽

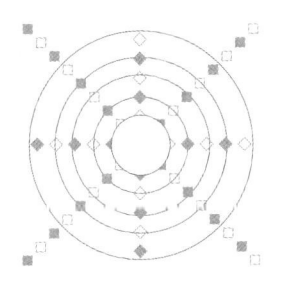

1. U形思维，无法突破就避直就曲

当解决某个问题的思考活动遇到了难以消除的障碍时，可谋求避开或越过障碍而解决问题的曲折迂回思维法。我们在进行创造性活动时，思路决不能永远直线前进，事物或问题的复杂性也不允许我们一直走直线。很多时候，有必要通过一些迂回曲折的方法去探索，才能透过表面的偶然性的现象揭示其内在的规律性。

1943年2月，希特勒调集四个德国师、一个意大利师的联合特种部队以及南斯拉夫的傀儡军队，集中围攻铁托领导的南斯拉夫西波斯尼亚和中波斯尼亚解放区，企图消灭铁托率领的这支民族解放部队。

为粉碎纳粹的阴谋，铁托率领由四个师组成的突击队，掩护4000名伤员，向东南方向突围，转移到门的哥罗地区。这次规模巨大的战略转移事关全局，为确保成功，铁托命令各地部队加强对德军的牵制，分散德军的注意力，间接策应突击部队。而转移行动成功的关键，是必须安全渡过涅列特瓦河。铁托的突击部队被德军堵在了河的左岸，而且德、意法西斯部队正加紧从涅列特瓦河的上游对铁托部队构成包围态势。

为尽快过河，突击部队几次向桥头发起冲击，但都被德军的密集火力击退，形势十分危急。这时，铁托果断命令："炸桥！"突击队员在桥头埋下炸药，"轰"的一声巨响，大桥塌了一段。

为迷惑敌人，炸桥后，铁托命令部队迅速撤退。德军这时以为铁托的部队不是要过河，而是要在河的左岸进行活动，所以才炸掉大桥，以阻止德军过河进攻。德军朝河对岸一看，突击队像一阵风一样席卷

而去。德军大呼上当，连忙转到下游的渡口过河追赶突击队。铁托的部队兜了一个大圈，看到德军上当后，铁托命令突击队立即折回桥头。这时，德军只顾追击铁托的部队，河对岸已没有德军把守。突击队挖好工事，建立桥头阵地，做好阻击纳粹兵的准备。同时，铁托命令突击队以最快的速度，借助原来的旧桥墩，连夜在断桥处搭起一座简便的吊桥，将坦克、大炮等重武器拉到河里，人员携带轻便武器，扶着轻伤员，抬着重伤员，闪电般地渡过了涅列特瓦河，进入门的哥罗地区。德军拼命追击铁托的部队，以为合围成功，朝着山谷持续炮击，并运用轰炸机疯狂轰炸，闹腾了好几天，结果发现大山空空如也。当德军接到铁托部队早已从断桥处渡过涅列特瓦河时，不禁大吃一惊，恍然大悟的德军才明白过来：突击部队先炸桥，是为了转移视线，迷惑他们，掩护过桥的真实意图，使德军判断失误；然后又伪装撤离，采用调虎离山之计诱敌上当，当德军中计离开大桥后，突击部队就可以从容不迫地搭桥过河。

后悔不迭的纳粹德军掉头跟踪追击铁托的部队，可是，等他们到达涅列特瓦河的断桥处才发现，连原来的断桥也没有了，早已被突击部队彻底炸光了。

胜敌自有妙计，强攻不如智取。将在智而不在勇，军事谋略创新始终是指挥员的第一职责。铁托的高明之处就在于，他运用了非凡的创新思维——U形思维，让思维来了一个180度的大转弯，并以这种U形思维为基础，巧施连环，先炸桥，后搭桥，再过桥，最后再炸桥。

铁托这种U形思维的创新之处，从心理学上讲，是根据对方的心理需要，采用"因势利导""投其所好""顺佯敌意"的思维方法，用"欲取先予"的心理原理顺从敌人的心理需求，以转移视线，迷惑敌人，达到调虎离山的目的。

在煤油炉出现之前，人们生火做饭都是使用木炭和煤。

美国一家销售煤油炉和煤油的公司，为引起人们对煤油炉和煤油的消费兴趣，在报纸上大肆宣传它的好处，但收效甚微，人们仍旧喜欢使用木炭和煤，煤油炉和煤油无人问津。

面对积压的煤油炉和煤油，公司老板突然灵机一动。他吩咐下属将煤油炉免费赠送到各家各户，不取分文。就这样，收到煤油炉的住户们尝试着使用它，而没有收到的纷纷打电话向公司询问，并索要煤油炉，在很短的时间内，积压的煤油炉便赠送一空。公司员工们觉得十分心疼，但老板却不动声色。

不久，有一些顾客上门来，询问购买煤油的事；再后来，竟有顾客要求购买煤油炉。原来，人们在使用煤油炉后，发现其优越性较之木炭和煤十分明显。家庭主妇们在用完炉里原有的煤油后，仍然希望继续使用煤油炉，只好向公司购买煤油。经过口口相传，越来越多的人喜欢上了煤油炉，这家公司的煤油炉和煤油自然久销不衰。

从思维方向上看，人的思维有直线思维和U形思维之分。在解决问题的过程中，如果能用直线思维解决，那是最好不过的，因为直接求解的思路最短。但是，许多问题靠直线思维很难解决，这时就需要采用U形思维去思考，最终达到解决问题的目的。

某电器公司生产出洗碗机后投放到市场上，但效果不佳。所有"高招"都用过了，但消费者对洗碗机还是敬而远之，很多人不相信自动洗碗机真的能把所有的碗洗干净。

在无可奈何的情况下，公司只好请教市场营销设计专家，看他们有什么好点子。专家们经过一番分析推敲，终于想出了一个新办法：建议将销售对象转向住宅建筑商。

经过多方面的疏通工作，建筑商同意做一次市场实验。他们在同一地区，对居住环境、建造标准相同的一些住宅，一部分安装有自动洗碗机，一部分不安装自动洗碗机。结果，安装有洗碗机的房子很快便卖出或租出去了。人们对洗碗机的接受程度越来越大，这一结果令住宅建筑商感到惊讶，也让电器公司感到鼓舞，他们终于迎来了"柳暗花明又一村"的局面。

上面的事例中，电器公司使用了两条思路：第一，将洗碗机直接向家庭销售，效果不佳；第二，将洗碗机安装在住宅里，借助房产销售卖给家庭用户，效果极佳。前者是直线思维，后者就是U形思维。

所以，遇到难办的事情时，不妨让思路拐个大弯。在实际操作时，借助"第三者"的介入进行过渡性思考，是简单有效的拐弯技巧。

2. 换地打井，及时改变方向

"换地打井"是著名思维学家德·波诺提出的概念，简单来说，就是要求人们善于转换思维。

在一个地方打井，如果总也打不出水来，不妨换一个地方试试，说不定很轻松就能打出水来。当然，换地方打井并非让人们在此地打一下又在另一处打一下，只要打不出水就立即换地，坚持还是很重要的，但盲目地坚持绝对是不可取的。

如果打井的位置没有选对，再怎么努力也是白费，应该及时更换地点，寻找一个更容易出水的地方去打。如果努力的程度足够，却一直打不出水，那就要反过来想想打井的位置是否正确，或许那个位置根本就没有水，或者有水的地方实在太深，不是力所能及的。

"换地打井"的思维方式要求人们进行横向思维，不在一条线上走到黑。当我们所要走的路不通时，就应该及时换另一条路，即使绕点弯，又有什么关系呢？无论在到达终点的过程中我们走了哪条路，选择了什么样的路径，只要最后的结果是我们成功到达了目的地，那就是值得庆贺的。

从前，有一个天资聪颖的孩子，从小酷爱绘画，梦想长大后成为一名画家。

这个孩子长着一双明亮的大眼睛，大自然的一切事物在他的眼里都是那么生动可爱。青草，碧树，红花，绿叶，蓝天，白云，清澈的溪水，巍峨的山峰……一切的一切都会引起他无限的遐想。

他一天到晚不知疲倦地画着，画得极为投入，画得非常开心，周围的人都夸他是个用功的好孩子，将来一定会成为一名大画家。

有一次，他生病了，连烧了三日。高烧退后的早上，他睁开眼睛，却发现自己什么也看不见了，原来五彩缤纷的世界变成了一片黑暗。这时的他就像一只失去了方向的小船，不知道会漂去何方。他觉得命运对他太不公平了，伤心的泪水不断流淌，任凭家人们怎么劝，他每日都是郁郁寡欢。

一月，他又坐在家门口的石凳上掉眼泪，恰好一位老人从他家门前经过，听到他的哀叹声，看到他默默流出的眼泪，走到他身边，慈祥地问："孩子，遇到了什么伤心的事情，能跟我说说吗？"

他向老人诉说了自己的理想和不幸，老人听了，也觉得很难过，不过，他很快便语重心长地对孩子说："孩子，你的眼睛虽然看不见了，但你的耳朵还在啊，它们很灵敏；你的双手也还在啊，它们很灵巧。你为什么不尝试学点乐器呢？比如说学学弹琴！"

每天都在纠结自己为什么这么不幸的孩子，听了老人的话，顿时觉得心里一亮。是啊，自己还可以做其他的事，为什么不看开点呢？此后，他改学钢琴。没想到，因为看不见周围的事物，他的注意力变得更为集中，耳朵异常灵敏，对音乐的感知能力非常强，他每日专心练习，感到很快乐。后来，他成了一位闻名遐迩的音乐家。

当他成名后，人们采访他，问他成功的秘诀，他说要感谢当年的那位老人，让他换了一条路，燃起了前进的希望。

上帝关上了一扇门，常会开启另一扇门，我们不能因为一时找不到路而失去信心和希望。前进的路有很多条，当你实在无法前进的时候，反过来想一想，为什么不换一条路呢？另一条路的风景也许更迷人。

但生活中的一些人却执拗得要命，明知再怎么努力也不会有所收获，却偏不放弃，直到耗尽精力、财力才肯罢休。殊不知，明智的放弃才是人生可取的态度。

3. 学会借力，巧让他人代劳

人要懂得借势借力。自己要是没有能力去办好某一件事，那就一定得想方设法请个能人代劳；要是自己有能力，有时，也得考虑一下是否该让更有能力的人把事情办得更漂亮一些。

从前，在法国有个农民被人诬陷，说他偷了皇家的宝物，被关进了大牢。他家中有一大片种马铃薯的土地，他那体弱的妻子根本无法靠一己之力去打理，地里要是不松土，就没法种东西。眼看播种的季节日益临近，这不幸的囚徒心中无比焦虑，心急如焚，怎么办呢？他冥思苦想了几天，无望之际，思路一拐弯，想出了一个奇招：他暗中写下一密信，背地里以好言好语向一貌似厚道的狱卒求助，要那人将这密函按地址寄给他的妻子，信中写道："我最最亲爱的爱人，今日我冒着极大的风险给你写这封信，是为了告诉你一个秘密，好让你从此以后过上人世间最最幸福的好日子……"那囚徒在信中所指的秘密，说的是他把那些"宝物"埋藏在了家中那片田地里。

果然不出这囚徒所料，那狱卒一转身，就把这密信上交给监狱长邀功去了。

见此信，监狱长大喜过望，当即就派出一班士兵赶往囚徒的地里，将他家那一大片土地翻了个底朝天，结果可想而知。那一帮士兵，白白为那善动脑筋的囚徒耕了一遍地。

在困难面前止步，还是寻求其他的办法，这决定着事态的走向。其实，你完全可以反过来想一想，自己没有，为什么不能借一借呢？那些能够跨越重重困难的人，都懂得"借人""借势"和"借钱"的妙处。

美国的大富翁洛维格所采用的集资方法是用抵押的方式向银行贷款，但他的抵押方式非常巧妙。当时，运油比运普通货物赚钱，而买货轮又比买油船便宜，所以，洛维格便打算从银行申请贷款买一条大旧货船，把它改装成油轮，从事石油运输。但当他来到美国大通银行申请贷款时，银行的职员问道："贷款可以，但是你拿什么证明，你将来一定能还清本息？"

洛维格想到，他手中还有一条破烂不堪但勉强能航行的老式油轮，现在正包租给一家石油公司，用它做抵押，贷款或许还有希望。他试探着说："我手里有一条油轮，现在租给了一家石油公司，每月的租金刚好可以还上我每月应还贷款的本息数目，所以，我想把这条船过到银行名下，作为这笔贷款的抵押品。银行可以直接从石油公司收取租金，直到贷款本息还清了，我再把船开走。"

虽然洛维格没有足够的信用，但那家石油公司的牌子很响，信用极好，按月付油船租金毫无问题。

洛维格这一招的确很灵，他借着石油公司的信用，提高了自己贷款的可信度，终于从银行贷到了第一笔资金。

其实，每个人都应该学会"借"这个本领，只要对自己有用的东西，能借则借。除了"借人"，我们还可以借物、借势、借财。

但遗憾的是，很多人不善于去借，总觉得求人很难为情，显得自己没有办事能力。其实大可不必这样想，再伟大的人也是需要别人帮他架起成功桥梁的，更何况我们这些普通人。

4. 取胜有道，只因善于迂回变通

一般情况下，"直接"处理问题，能快捷、及时地把问题处理好。但对于那些非常困难的问题来说，采用转个大弯子的迂回策略则更为明智。迂回思维是指我们在遇到难以逾越的障碍时，无法用直接的方法解决，必须采取迂回的方法，设法避开障碍，取得成功。事物发展有直也有曲，有进也有退，我们必须学会适应事物的发展规律。

一马平川的坦途是所有人都希望的，然而，世上哪有那么多省时又省力的阳关大道任我们驰骋呢？在遇到暂时无法逾越的障碍时，我们要巧妙地选择走"之"字形，在换方向前松口气，等力气恢复后再往前走，是非常明智之举。

1916年，位于美国犹他州的小镇弗纳尔的居民非常渴望修建一座砖砌的银行。这座银行将是小镇上的第一家银行。

镇长买好了一块地，准备好了建筑图纸，万事俱备，只差砖还没有着落。

就在一切仿佛都进展得很顺利的时候，障碍出现了。这是一个致命的障碍，如果解决不了这个问题，整个工程计划都将化为泡影。从盐湖城用火车运砖，每磅要2.5美元，这个昂贵的价格将断送掉一切——没有足够的砖，就无法完成建设银行的工程。

幸运的是，小镇里的一位商人以一个全新的角度来考虑这个问题，想出了一个近乎愚蠢的主意——邮寄砖！

结果是：包裹每磅1.05美元，比用火车运送便宜一半。事实上，不仅是价格便宜了一半，而且，邮寄过来的砖和用火车货运过来的砖是同一班列车运送。就是这么一个货运和邮递之间的价格差异，使情况变得完全不同。

几周之内，邮寄的包裹像洪水般涌入小镇。每个包裹7块砖，刚好可以不超重。就这样，弗纳尔镇的居民很骄傲地拥有了他们的第一家银行。

取胜有道，只因善于迂回变通。通过结果来看其创意，当然不难，但实际的沟通创意可就不这么容易了。总之，遇到难题时要善于迂回取道。事物发展的道路有直也有曲，呈现为波浪式、螺旋式，这样就给迂回取道提供了广阔的施展空间。

图德拉是一名工程师，他一没资金，二没人脉，却成功做成了石油生意，他是怎么做到的呢？

图德拉了解到阿根廷的牛肉生产过剩，但石油制品比较紧缺，他就同有关贸易公司洽谈业务。"我愿意购买2000万美元的牛肉。"图德拉说，"条件是，你们向我购进2000万美元的丁烷。"因为图德拉知道阿根廷正需要2000万美元的丁烷，这也算投其所好。之后，双方的买卖意向便很顺利地确定了下来。

他接着又来到西班牙，对一家造船厂提出："我愿意向贵厂订购一艘2000万美元的超级油轮。"那家造船厂正为没有人订货而发愁，当然非常欢迎。图德拉又话头一转："条件是，你们购买我2000万美元的阿根廷牛肉。"牛肉是西班牙居民的日常消费品，况且阿根廷正是世界各地牛肉的主要供应基地，造船厂何乐而不为呢？于是双方签订了一项买卖意向书。

图德拉又到中东地区找到一家石油公司提出："我愿购买2000万美元的丁烷。"石油公司见有大笔生意可做，当然非常愿意。图德拉又话锋一转："条件是你们的石油必须包租我在西班牙建造的超级油轮运输。"在产地，石油价格是比较低廉的，贵就贵在运输费上，难也就难在找不到运输工具，所以石油公司很爽快地答应了，彼此签订了一份意向书。

三个意向书变成了一个行动，由于图德拉的从中斡旋，阿根廷、西班牙、中东国家都取得了自己需要的东西，又出售了自己亟待销售的产品，图德拉也从中获取了巨额利润。

变化一下思路，不去向强敌直接挑战，不去触动和攻击障碍本身，而选择避实就虚、避重就轻的迂回方式，先去解决与它发生密切联系的其他因素，最后使它不攻自破或不堪一击，这样令"樯橹灰飞烟灭"，比起硬碰硬的真打实敲，岂不更加得意？

想解决问题，就不能"在牛角上钻洞"，而要学会迂回和放弃。当常规性的措施不起作用时，选择借助其他方法，迂回曲折地走一下弯路，就能巧妙地解决问题。当遭遇难题时，不要一味地去撞墙，而要学会在合适的地方打开一扇门。

5. 今日吃小亏，来日占大便宜

肯吃亏的人，大都具有大智慧与大胸怀，他们不为情绪所左右，能够审时度势，抓住最佳机会前进。

威廉·哈里逊是美国第九任总统，当他还是个孩子的时候，他身边的人们都认为他是个傻子。他看上去目光呆滞，很少说话，人们经常拿他寻开心。

没有亲眼见过他的人，不相信会有这么傻的孩子，所以，小哈里逊经常被"测试"。有时候，人们拿出两枚硬币，一枚一美元，一枚五美分，让他进行选择；有时候，人们还会拿出更大面值的钱来测试他。但是，每次小哈里逊都会选择面值最小的，大家看他这样，都嘲笑他说："都这么大了，还一点头脑都没有，真是个笨蛋！"

小哈里逊的妈妈知道后很伤心，难道自己的孩子真的傻吗？于是，妈妈准备在家对小哈里逊做同样的测试。

小哈里逊看着妈妈说："妈妈，您不用考我了。其实，我知道哪枚更值钱。"母亲惊奇地看着小哈里逊。小哈里逊开口说道："我是故意的，假如有一次我贪便宜拿了最值钱的钱，我就不会再有那么多的机会拿到小钱了。我已从别人的测试中得到了8美元！"

所以事实是，小哈里逊一点儿都不傻，而且还很聪明。

亏不是人人都能吃的。一般来说，唯有目光远大的人才愿意吃小亏。

东汉时期，有个叫甄宇的人在朝为官，时任太学博士。此人为人忠厚，做人谦虚谨慎，人际关系非常不错。

有一年，临近除夕，皇上开始发福利，赐给群臣每人一只外番进贡的活羊。但到了具体分配的时候，负责分配的人犯愁了。因为外番进贡的活羊有大有小、有胖有瘦，实在是不好分，瘦小的羊给谁都不会愿意。

面对这个难题，大臣们纷纷献策：有人主张把羊通通杀掉，肥瘦、大小搭配，这样就公平一些；有人主张凭运气抓阄分羊，运气好就抓到好的羊，运气不好就抓不到好的羊。大家七嘴八舌，朝堂上就像炸开了锅一样，争论不休。

就在这时，甄宇说话了："分羊而已，有这么费劲吗？我看我们随便牵一只羊走就行。"说完，他率先牵了一只最瘦小的羊回家。

大臣们一看，也纷纷去牵羊，因为不是分配的，是自己去牵，为了显示自己的谦虚，都争着抢着牵瘦小的，羊很快被牵完了，众人皆大欢喜。

此事传到皇帝耳中，甄宇得到了"瘦羊博士"的美誉，朝堂上下无不称赞。不久，甄宇在群臣推举下，被提拔为太学博士院院长。

现实生活中，像甄宇这样，心甘情愿吃亏的人并不多。其实，吃亏与受益是一种互为存在、互为结果的关系。

有一位王姓温州商人，在陕西铜川开了一家机电设备公司，生意做得非常好。

有一次，有个老客户来买一个电器配件，这个客户要得很急，因为如果买不到这个配件，企业就要停工，停工一天，就会损失好几万元，而王老板的公司没有这种配件。

因为对方是老客户，王老板不忍心看他损失过多，便帮这个客户找遍了陕西铜川所有的公司，但都没这种配件。客户急得不行，王老板安慰他不要着急，并承诺一定在一天之内帮他找到这种配件。于是，王老板坐上出租车直奔西安，谁知西安也没有这种配件。他又连夜乘飞机去杭州，下了飞机，他又打车赶往温州老家。

到了老家，他去了多个地方，通过各种关系，反复联系后，终于买到了客户奇缺的那个电器配件。为了赶紧把配件给客户送过去，他连家都没回。

这个配件售价300元，利润也就50元，但王老板为了这个配件付出了三千多元，另外还有难以用金钱衡量的辛苦。同行们知道了这件事后，都笑王老板傻。但王老板却不这么想，因为对方是老客户，他心甘情愿吃这个亏。

没想到的是，过了几天，这个老客户带领着一群人送来一块大匾，后面还跟着很多媒体记者……很快，这件事便在业内引起了不小的反响，王老板的名声被传播得越来越远，公司的生意也变得越来越好。

为了一个客户，为了几百元钱的生意，辗转好几个地方，花钱花时间，在一般人来看，这样做真是太亏了。但是，以长远的眼光来看，这种甘愿吃亏的精神所赢得的声誉，是难以用钱来衡量的。

做任何事情，不能只想着怎么赚取利益，有些事情当时即使真的受益了，最终导致的结果仍有可能是亏的；而有些事情，当时看好像是吃亏了，但最终的结果反而可能是有利的。

很多事业有成、生活顺利的人，都能够心甘情愿地吃亏。他们从内心深处愿意让别人占点便宜，天长日久，得到他好处的人也会愿意让他多受益。所以，心甘情愿地吃点亏吧！不要受了一点委屈就大喊大叫，不要吃了一点亏就觉得天塌下来了。要学会吃亏，并笑着去吃亏。

6. 用W形思维法曲径通幽

直走固然节省时间，但有时却走不通。这个时候，不妨反过来想一想，转一个弯，当转一个弯也行不通的时候，那就再转一个弯。

大文学家莎士比亚有一部著名的作品《威尼斯商人》，作品中的人物安东尼奥为了帮助朋友，不得已向高利贷者夏洛克借了一笔钱。夏洛克这个人凶狠又吝啬，在借钱给安东尼奥的时候，提出了一个苛刻的条件：如到时还不了这笔钱，就要从安东尼奥身上割下一磅肉下来。由于当时急于用钱，安东尼奥同意了他的条件。

没料到的是，安东尼奥的船出了事，到了还钱的期限，却没有钱可还。于是，凶狠的夏洛克便按照约定，准备从安东尼奥身上割下一磅肉。

安东尼奥和他的朋友们想了很多方案，想让夏洛克让一步。但无论怎样，夏洛克都不同意，他坚持要按照约定，从安东尼奥的身上割下一磅肉。

最后，安东尼奥帮助的那位朋友的妻子鲍西亚小姐想出了一个好主意。她认为完全可以接受夏洛克的这一苛刻要求，并准备用这一要求治治这个凶狠吝啬的家伙。

她化装成一名律师，在法庭上与夏洛克较量，她代表她的辩护人同意按照约定进行，但有一个条件，那就是夏洛克不能多割一点，也不能少割一点，一磅就是一磅，而且不能带一点血，约定的是割肉，割下的就必须是肉，不能带血。

面对这样的条件，夏洛克再狡猾也没办法达到，最后只好认输。

其实，在这个过程中，鲍西亚小姐就使用了W形思维法。

所谓的W形思维法，就是一种以进为退，打破前进定势而主动退却的思维方式。"W"很形象地表达了这种思维方式。"W"最中间的那一点，可以看成是历尽困难后才到达的新起点，或者是通过小的退让和努力取得的成功。但要到最右边的那一顶点，不可能平移过去，恰恰相反，它得重新跌入低谷，再进行攀升。这种思维方法，既有侧向思维旁逸斜出的奥妙，又有逆向思维的出人意料。

W形思维法综合了侧向思维和逆向思维，面对难题时，用这种独特的思维方法，往往更容易解决问题。

从前，有位商人狄利斯和他的儿子一起出海旅行。他们随身带了满满一箱珠宝，准备在旅途中卖掉，但是没向任何人透露这一秘密。一天，狄利斯偶然听到了水手们交头接耳。原来，他们已经发现了他的珠宝，并且正在策划谋害他们父子俩，以掠夺这些珠宝。

狄利斯吓得要命，他在自己的小屋内踱来踱去，试图想出摆脱困境的办法。儿子问他出了什么事情，狄利斯便把听到的全告诉了他。

"同他们拼了！"儿子断然道。

"不，"狄利斯回答说，"他们会制服我们的！"

"那把珠宝交给他们？"

"也不行，他们会杀人灭口。"

过了一会儿，狄利斯怒气冲冲地上了甲板，"你这个笨蛋儿子！"他叫喊道，"你从来不听我的忠告！"

"老头子，"儿子叫喊着回答，"你说不出一句值得我听进去的话！"

当父子俩开始互相谩骂的时候，水手们好奇地聚集到他们周围。狄利斯突然冲向小屋，拖出了珠宝箱。"忘恩负义的儿子！"狄利斯叫道，"我宁肯死于贫困，也不会让你继承我的财产！"

说完这些话，他打开了珠宝箱，水手们看到有这么多珠宝，都倒吸了口凉气。这时，狄利斯冲向栏杆，在别人阻拦他之前将宝物全部投入了大海。

过了一会儿，狄利斯父子都目不转睛地注视着那只空箱子，然后两人躺在一起，为他们所干的事而哭泣不止。后来，当他们单独一起待在小屋时，狄利斯说："我们只能这样做，孩子，再没有其他的办法可以救我们的命！"

"是的，"儿子回答道，"您这个法子是最好的。"

轮船驶进码头后，狄利斯同他的儿子匆匆忙忙地赶到了城市的地方法官那里。他们指控了水手们的海盗行为和企图谋杀罪，法官逮捕了那些水手。法官问水手们是否看到狄利斯把他的珠宝投入了大海，水手们都一致说看到过。法官于是判决他们都有罪。法官问道："什么人会弃掉他一生的积蓄而不顾呢？只有当他面临生命的危险时才会这样去做吧？"水手们只得赔偿狄利斯的珠宝。

任何事物都是由多方面、多层次构成的复合体，任何事物的发展也都会受到各种各样因素的影响，具有多种可能性。因此，当我们遇到阻力的时候，可以在事物自身以外另寻其他的解决方法。

"W形思维"在社会生活中运用得非常普遍，比如在谈判中，当发现对方不易被攻下，或发现沿原方向继续谈下去会对己方不利，容易让对方抓到把柄的时候，就可以转个弯，再转个弯，让对方摸不清己方的真实意图。

7. 以柔克刚，轻松锁定胜局

有这样一则寓言：

北风和南风比威力，看谁能让路上的行人把身上的大衣脱掉。北风很有信心，于是吹起了寒风刺骨的风，企图把行人的大衣脱掉，结果行人把大衣裹得紧紧的。北风没办法，只能败下阵去，轮到南风上场了。

南风徐徐吹动，顿时风和日丽，行人越走越觉得暖和，于是把纽扣一个一个解开，最后脱掉了大衣。

为什么刚劲的北风不能让人脱掉大衣，而温暖的南风反而能成功呢？

因为北风着眼于短期效应，一开始就呼啸而来，吹得人寒冷刺骨，结果行人反而把大衣越裹越紧；而南风则着眼于长期效应，徐徐吹动，循序渐进，让行人感觉温暖，然后自然而然地脱掉大衣。这正说明来自"柔"的力量不可小觑，很多时候，柔弱能战胜刚强。

其实，生活中的很多事都是这样，硬着来不行，不妨"软"一点。就像两人过独木桥，相向而来，中间相遇，若谁也不让，则既浪费时间、浪费精力，问题还得不到解决；若其中一人选择妥协，退回去，让另一人先过，看似在"对抗"中输了，却比两个人在中间僵持或者大动干戈要好得多。

1923年，关于购买鲱鱼的事情，苏联和挪威交涉了很久，但仍没有结果。精明的挪威人知道苏联极缺鲱鱼，硬是不肯让价，代表换了一个又一个，办法也试了一种又一种，但挪威人的要价苏联还是不能接受。后来，斯大林派柯伦泰出任驻挪威的全权贸易代表。为了购买鲱鱼，柯伦泰继续与挪威人讨价还价。

谈判一开始，挪威人就漫天要价，伸出了五个手指头。柯伦泰不动声色地伸出右手中指："就这个数，超过这个价，我宁可多花路费去别处买！"这种威胁的话挪威人当然听过多次，但他们知道如此多的鲱鱼只有挪威才能提供，苏联人无处可买。

于是，挪威商人不紧不慢地回复道："尊敬的柯伦泰女士，您真是太能干啦，您拿这个价格去别处买鲱鱼骨头吧！"

柯伦泰笑了，这次，她只伸出小手指："不，我刚才搞错了，您的鱼价还要再压低一成！"

挪威商人坐不住了，他们都欠了欠身子，谈判代表坐正了说道："女士，这可不是开玩笑，我们在谈判！"

柯伦泰不为所动："我当然知道是在谈判，您知道我比您更需要鲱鱼。"

谈判眼看就要陷入僵局了，柯伦泰苦笑着说话了："我也不愿伤害你们的感情，更不愿让你们蒙受损失，我同意你们提出的价格。如果我们的政府不批准这个价格，我愿意用自己的工资来支付差额。不过，当然要分期付款，这样我会还一辈子的。"

话音一落，挪威人面面相觑。一阵交头接耳后，他们只得将鲱鱼的价格降低到苏联政府能接受的最低价格。挪威商人边签字边说："您真厉害。"柯伦泰耸耸双肩，双手一摊："你们总不见得真的让我欠一辈子债啊！"

柯伦泰在谈判中的策略就是退一进二，她当然知道自己的方案会被否定，但她还是提了出来，为的是将矛盾扩大化，使关键问题模糊化，从而再一步步地做出有利于自己一方的让步。经过一番"辛苦"的讨价还价，最后达成的协议其实就是自己一开始想要的。

"柔能制刚，弱能制强。"日本的柔道中也突出以退为进、攻中带守、守中有攻的阴柔特色，这样，以小胜大才有可能。

第九章

辩证逻辑——
另辟蹊径才能脱颖而出

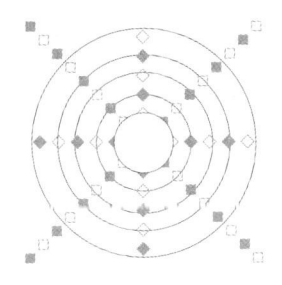

1. 不寻常的方略造就不寻常的成功

要成功，就要讲究方略。在经过对多种方略的运筹之后，要有选择地确定出一套最佳的方略。只有采用独树一帜的方略，才能建立起独掌乾坤的伟业。俗话说："谋事在人，成事在天。"事实上，有些时候，谋事在人，成事也在人，想要不经努力就获得成功是不可能的。

方略，对于人的生活和事业的作用是非常重要的。因为，方略是实现任务或目标的步骤和手段，是根据形势发展而制定的行动方针和策略。现实生活中，几乎没有哪个人的成功是随便获得的。可以说，即使有侥幸的成功，如果没有方略的指导，也只是暂时的，或仅仅是某一件事、某一个步骤的成功。这种成功不会有进一步的发展，也不会取得更大的成就。只有在方略的指导下，按计划、按步骤取得的成功，才是真正的成功，才有可能走向光辉的未来。

电报业最兴盛之时，老范德比经营的西联电报公司在美国处于垄断地位。

老范德比去世之后，西联公司的竞争对手古尔德花100万美元开了一条新电报线路，成立了太平大西洋电报公司。小范德比意识到了古尔德对自己的威胁，决定收购太平大西洋电报公司，如此，就能使自己仍处于垄断地位。他马上派人与古尔德谈判，最终以500万美元的价格买下了太平大西洋电报公司，太平大西洋电报公司人员设备全部转入西联公司。艾克特是古尔德的挚交好友，因为有技术，进入西联公司后，担任该公司的总工程师。小范德比对这一次的成功收购十分满意，他不仅扩大了实力，还引进了一员虎将。

过了一段时间，爱迪生又发明了四重发报机，这种发报机的效率要比原来的高一倍以上，小范德比决定买下这项专利。他派艾克特与爱迪生谈判，让艾克特以低于5万美元的价格收买。他认为这次同样稳操胜券，因为电报市场是他一人垄断着。然而，艾克特虽在西联公司担任总工程师，却是古尔德的内线，他及时将进展告诉了古尔德。

有一天，古尔德请爱迪生来到他的家里，以高薪聘请爱迪生去自己的公司。

爱迪生本是个科学家，根本不懂生意，觉得古尔德开出的条件优厚，便答应了。现在，古尔德决定向小范德比摊牌，要挟小范德比说要撤走艾克特。失去了爱迪生的四重发报机，又失去艾克特，西联公司将会一片黑暗。无奈之下，小范德比只好同意两家公司合并，由古尔德任总经理。

原来，一直以来，古尔德为了得到西联公司可谓费尽心机，直到老范德比去世，他才能稍稍有所动作，成立太平大西洋电报公司。当然，当时电报公司是赚钱的，而古尔德却绝非想从电报的营业中赚钱，他想将西联电报公司赚到手，太平大西洋电报公司不过是他抛下的一个诱饵，小范德比果然上当了。此外，古尔德的另一个妙笔是将艾克特打进西联公司高层，从而使高级情报可以及时地传到自己的手里。所谓"知己知彼，百战不殆"。此时，古尔德对小范德比的作为一目了然，而小范德比却对古尔德一无所知，丝毫未加防范，本来唾手可得的四重发报机专利却从眼皮子底下被古尔德夺去了，以致最终西联公司也落入了他的手里。

在法律允许的范围内，不按常理出牌，更容易使对手防不胜防。

如果循规蹈矩，每一步都在别人的意料之内，那就很容易被别人打败。须知，竞争之法无准则，所谓"水无常势，兵无常法，运用之妙，存乎一心"，根本没有什么永远可靠的方法和原则。取胜才是根本目的，使用反常方式，对手更易陷入措手不及的状态。

第二次世界大战结束后，迪士尼制片厂负责人沃尔特应朋友之邀，到阿拉斯加去旅行。阿拉斯加的森林，晶莹的冰河，还有那高耸的山峰，都给沃尔特留下了极深刻的印象。"要建一个让小孩和大人都喜欢的娱乐公园。"这是沃尔特的一个独特的想法。他计划把地址选在对街一处11亩的空地上，他当时把这个公园叫作"米老鼠公园"。

他在当年的一份备忘录中写到："围着公园建造一个村落，村落中有火车站、凳子、乐队表演室、饮水泉、树林、花草还有供休息的地方，这给带孩子的母亲、祖母提供了方便。村子两端各为火车站和市政厅。市政厅可作为行政大楼，要像个市政厅的样子。"沃尔特还构想了其他的一些东西，如饮食店、歌剧院、电影院等，还有出售迪士尼艺术家作品的书廊音乐商店。为了增加公园的娱乐性，沃尔特还计划用马车将游客送到"西部村"。

沃尔特花了很大的力气才说服了全体董事。最后，美国广播公司同意投资50万美元以换得30%的股份，并且，在这家公司的担保下，沃尔特借到了450万美元。1954年9月，迪斯尼乐园开始动工。

迪士尼乐园开幕的那一天，可以说盛况空前。开园的时候，3300人一下涌进了迪士尼乐园的大门。7个星期之后，粗略统计一下，共有100万人参观了迪士尼乐园，比预计的人数多了50%，收入比预计也多了30%。

沃尔特到了晚年，事业发展到了巅峰，荣誉也纷至沓来。1964年，约翰逊总统在白宫授予他个人所能得到的最高勋章，颂词说沃尔特·迪士尼在娱乐方面创下了奇迹。

沃尔特的成功给全世界带来了欢乐，透过沃尔特的成功之路，我们不难看到，沃尔特成功的一个重要方面，就是别出心裁。人生需要谋划，事业需要谋划，生活中的方方面面都需要谋划。可以说，不会谋划的人，就不会有成功的人生。古人说："谋定而后动。"谋划后的行动，不但具有明确的方向和目的性，也更具有可行性。现代成功学认为，成功大都经过规划和策划取得。

2. 最简单的办法往往是最聪明的

丹麦一位著名的哲学家麦克斯恩说过："任何基本的东西都是简单的，宏伟事业的核心是简单的，人类文明的根基是简单的，人性的本原是简单的，宇宙的出发点是简单的，一切创造的起源点也是简单的。"因此，聪明的人总能透过现象看清本质，用简单思维化解难题。

美国太空总署征求一种供太空人使用的超现代书写工具，必须能在真空环境中使用，必要时能让笔嘴向上书写，还要几乎永远不要补充墨水或油墨，费用多少不计。消息传出去后，全世界的天才都大动脑筋，设计各种各样的太空专用笔，但都用不上。后来，太空总署收到了一份电报，是从德国发来的，上面只有几个字：试过铅笔没有？

看到这里，你可能会哑然失笑，进而恍然大悟：答案原来就这么简单。你可能会讥笑那些"天才"的努力，佩服那个德国人的"随意"。然而，很多时候，我们自己又何尝不是这样呢？

面对问题，我们总是横观、直观、正面、反面、多方面地寻求解答，却忽视了在我们身边原本存在的那些简单又实用的东西，结果绞尽脑汁想出来的反而达不到预期效果。现实生活中，我们总是喜欢把问题复杂化，究其原因，主要是我们的思维常常徘徊在"神秘"或"深奥"的区域中。正是这种过于复杂的思维束缚或阻碍了人们的进步。

苏联火箭专家库佐寥夫曾经为解决火箭上天的推力问题而苦恼万分，食不甘味。有一天，他的妻子说："这有何难呢？像吃面包一样，一个不够再加一个；还不够，继续增加。"他一听，茅塞顿开，遂采用三节火箭捆绑在一起进行接力的办法，终于成功地解决了火箭上天的推力难题。

最伟大的真理常常也是最简单的真理。

一个名叫五环餐厅的小餐馆，虽然店主有着一手祖传的好手艺，可是因为这条街上到处都是像五环餐厅这样的小餐馆，而他又是个老实木讷的人，所以生意一直没什么起色。

一天，有个生意人在他的小店吃了他做的饭菜后，赞赏有加。听到小店主人的苦恼后，那人出去看了一下小店的招牌。之后，他找来颜料，在五环餐厅下面的空白处画上了六个环。

这一改，小店的生意居然火了起来。原因是几乎每个看出这个招牌上的错误的人，都会忍不住进店来告诉店主人：你的名字是五环，可是下面画的却是六环。而那些只是为了告诉店主人这个错误而进来的人们，常常会被这里饭菜的香味所吸引。在接受店主人的道谢后，他们大多选择了在这吃饭，有的还成了这里的回头客。

那个生意人的聪明之处，就在于他发现了小店的劣势不在于手艺，而是没有人知道这里的好。他成功地利用了人们喜欢挑毛病的心理，让人们自觉地走进这家小店，而小店又有名副其实的好饭菜摆在那里。店主人的热情加上香味的引诱，还有谁能走得掉呢？生意红火也是理所当然的。

这么简单的营销方法，你能想到吗？

事实上，许多事情并不像看上去那么复杂，如果我们能多一分沉静与轻松，把复杂的事情用简单的方法去做，可能会获得奇妙的效果。从这个意义上说，简单的，可能是最好的；简单的，可能是最有效的。

简单是一种直接而有效的成功方式。哥伦布告诉我们：要让生鸡蛋直立在桌子上，最快、最简单的方法就是轻轻敲破鸡蛋壳。我们每个人都亟须把弃繁从简的成功理念深植于心底。

2000年4月的一天，广西钟山县刘先生家的抽水马桶不慎堵塞。刘先生动手捣鼓了一个多小时也不见效果。后来，邻居出主意说，拿几条泥鳅放进去，可能管用。次日一早，刘先生将信将疑地从市场买回3条10厘米长的泥鳅放进坐便器里，20分钟过后，"哗"的一声，堵塞下水道的脏物一泻而光。

思路开放的人永远有办法解决看似复杂的问题。由此可见，简单思维实际上是一种超越逻辑知识的智慧。

需要注意的是，简单不是浅薄、简陋、粗放，简单是一种美，更是一种先进的成功理念。只要我们深刻地认识到简单的重要性，并把这个理念运用到实践中，成功就会变得很简单。

3. 综合考虑，把你的想法整合起来

世界上任何事物都可以看成一个系统，系统是普遍存在的，大至渺茫的宇宙，小至微观的原子，一粒种子、一群蜜蜂、一台机器、一个工厂、一个学会团体……这些都是系统，整个世界就是系统的集合。系统论的基本思想方法告诉我们，当我们面对一个问题时，必须将问题当作一个系统，从整体出发看待问题，分析系统的内部关联，研究系统、要素、环境三者的相互关系和变动的规律性，要用发展的眼光看待事物。

爱若和布若差不多同时受雇于一家超级市场。开始时，大家都一样，从最底层干起。可不久后，爱若便受到了总经理的青睐，一再被提升，从领班直到部门经理。布若却像被人遗忘了一般，还在最底层混。终于有一天，布若忍无可忍，向总经理提出辞呈，并痛斥总经理用人不公平。

总经理耐心地听着，他了解这个小伙子，工作肯吃苦，但总觉得缺少了点什么，缺什么呢？他忽然有了个主意。

"布若先生，"总经理说，"请你马上到集市上去，看看今天有什么卖的。"

布若很快从集市回来说："刚才集市上只有一个农民拉了车土豆卖。"

"一车大约有多少袋，多少斤？"总经理问。

布若又跑去，回来说有10袋。

"价格多少？"布若再次跑到集市上。

总经理望着跑得气喘吁吁的他说："请休息一会吧，你可以看看爱若是怎么做的。"

说完，他叫来爱若说："爱若先生，请你马上到集市上去，看看今天有什么卖的。"

爱若很快从集市回来了，汇报说到现在为止只有一个农民在卖土豆，有10袋，价格适中，质量很好，他带回几个让经理看。这个农民过一会儿还将弄几筐西红柿过来，据他看价格还算公道，可以进一些货。这种价格的西红柿总经理可能会要，所以，他不仅带回了几个西红柿做样品，还把那个农民也带来了，他现在正在外面等回话呢。

总经理看了一眼红了脸的布若，说："请他进来。"

从故事里可以看出，爱若比布若的思考长远，他能估计到经理所要问的问题，因此，他办的事情比较完满，这样的人自然能得到上司的赏识。

从整体上对要素进行系统分析、优化组合是很有必要的，这样可以帮助你用最短的时间完成工作，提高你的工作效率。

一个采矿者带着一些基本工具：一把镐、一把铁铲、一个淘金盘，以及最重要的东西：饥饿的灵魂。他选择从这个山谷开始勘探，因为这个山谷中有树林、水草和山坡，它是探矿者的秘密草地，同时还是疲劳的驴子很好的栖息地。真是没有比这这个更好的了！

采矿者在山坡下面的小溪旁边挖了一铲土，开始了他的勘探之旅——他将那铲土倒在淘金盘中之后，将之半淹在溪流中，并不停地筛动它，大部分泥土都被冲走了，只剩下很细的泥土颗粒和最小的砾石块，下面，他要做的事情要花挺长时间，并且必须要格外小心认真。

他不停地筛动淘金盘，小心翼翼，直到看起来里面除了水以外，别无他物为止。

他迅速地倾斜淘金盘，里面的水越过淘金盘的边流到了小溪里。他看到淘金盘底部有薄薄的一层黑色的沙粒。仔细检查之后，他发现了一颗金粒。

他将更多的水沥出淘金盘之外，又找到了另外一颗金粒。

他继续进行着这种费力费神的过程，每一次都仔细检查淘金盘中的那层黑沙。

他找到了7颗金粒，尽管这几颗金粒并不那么值得保存，但这让他的心中燃起了希望。

他顺着小溪往下走，重复着同样单调乏味的过程：给淘金盘中装一盘沙子，仔细地冲洗，认真地捡出细细的金粒。

他越往小溪下游走，收集到的金粒就越少，其中一次只找到一颗金粒，另外一次则颗粒无收。

于是，他又回到了他开始的地方，开始往小溪的上游走。

有一次，他淘到了30颗金粒，之后，每一次淘到的金粒都在不断减少，直至又到了颗粒无收的境地。

他已经找到了小溪中最富有金粒的地段，但这并不值得他在这个地段中继续努力。黄金矿可能储藏在小溪之外，也就是那个山坡的表皮之下。

于是，他离开最初的勘探点，朝山坡往上走了几步，开始沿着山坡往上与第一排洞平行着挖第二排洞。

首先，他还是将泥土倒在淘金盘中，然后来到小溪边，淘掉沙砾，清点每次收获的金粒。这样单调乏味的过程每进行一次，他就会得到更多的信息。

就这样，他沿着山坡往上挖一排又一排的洞。从每排的中心洞中掏出的黄金颗粒都是最多的，末端那两个洞中则都没有掏出任何金粒。

随着他越来越接近山顶，每排洞就越来越短，所有这些洞在一起构成了一个V字形。这个倒V字的两边就是带有金粒地区的两个边界，而倒V字形的顶端就是这位采矿者的目标，"金矿先生"就住在那里。

当他来到山顶时，每次收获的金粒中含金量已经足够丰富了，非常值得保存。但是，淘金工作却变得越来越困难。随着他一步步往上挖，黄金所在就越来越深。

小溪边上的黄金就在草根下面，可山坡上的黄金颗粒开始是在30英寸之下，之后是在35英寸之下，然后是10英尺，接着又是50英尺。最后，那个倒V字形的两边最终交汇成了一点，他挖了60英尺深，铁铲碰到了风化的石英层，发出摩擦声。他用铁铲往下挖了一些，每一次都使石英层发出破裂的声响，他拿起一块风化了的石英，擦掉上面的泥土，这块岩石的一半是纯金。

就这样，他不断努力，得到了越来越多的纯金块。最后，他从中采掘到了总重达400磅的黄金。

在淘金者"饥渴的灵魂"和几件简单的工具背后，我们看到了另一种更为强大的工具——系统方法。

从小溪开始，通过系统性的努力，最终追踪到黄金之源。他挖的每一个洞都是在测试一种可能性，每一种收获都是下一个收获的前提，黄金颗粒的数量在让他心跳的同时，更是作为一种理性基础在一步步冷静地引导他。

系统思维作为一种普遍方法，既可以帮助寻找金矿，也可以帮助我们寻找其他一切想找的东西。

总之，整体性思维要求人们用系统的眼光从结构与功能的角度重新审视多样化的世界，把被形而上学地分割了的观缘世界重新整合，将单个元素和切片放在系统中实现"新的综合"，以实现"整体大于部分的简单总和"的效应。

4. 失败不是终点，而是成功的起点

在人生的博弈中，没有永远的输家，也没有永远的赢家。失败是生命中永不缺少的乐符，这样的生命乐谱才能够抑扬顿挫，才能够丰满华美。输得起是种勇敢，赢得起是种信念。

在争取成功的道路上，通常也是如此，我们越是害怕失败，失败越是跟着我们不放。如果我们对失败有一颗平常心，或许就能赢到最后。

达美乐餐馆连锁店的老板汤姆·莫纳汉在创业中接连失败，但他能从跌倒中反省，寻找跌倒的原因，懂得怎么样才能反败为胜。

汤姆起初和哥哥在一所大学附近开了一家比较小的比萨饼店，生意很不好。当生意越来越糟糕的时候，哥哥把自己的股份卖给了汤姆。面对沉重的打击，汤姆一直保持着乐观的心态，他知道生意要靠不停地跌倒累积而成，他愿意从跌倒中吸取教训，以便能更好地做自己的生意。

第九章 辩证逻辑——另辟蹊径才能脱颖而出

为了扩大生意,他和一位提供免费家庭送餐服务的人合作,对方提出只支付500美元的投资,却可以取得平等的合作人资格。汤姆接受了这一不合理要求,然而,当合作方案正式开始之后,却仍看不到合伙人的500美元。

大约两年后,汤姆破产了,并且要承担75万美元的债务。就在一瞬间,他失去了一切。这次跌倒,他受的打击很大,但他并没有心灰意懒,而是决定从头再来。

终于,他在第二年偿还了所有债务,还赚了5万美元。但是,灾难远远没有结束,他的比萨饼店被一场大火毁了,损失了15万美元,保险公司却只支付给他13万美元,他几乎又要破产了。

这是他生意场上的第三次跌倒,但他仍然没有放弃。3年后,他再一次卷土重来,这次,他拥有了12家比萨店,并且还有十几家在建设中。但是,由于规模扩张过快,出现了资金短缺,使整个达美乐陷入了财政危机。

这是汤姆在生意场上的第四次跌倒。10个月后,汤姆重新接管达美乐,他让债权人和银行给他一段时间,让他将生意恢复起来。大多数人都同意了,但他的专营店授权商们以反托拉斯的诉状将达美乐送上了法庭,汤姆忍不住无助地哭了。这是汤姆经营达美乐的又一次跌倒。

尽管如此,汤姆还是没有放弃。在接下来的9年里,他缓慢地恢复自己的生意,经过努力,他不仅偿还了所有债务,还使达美乐生存了下来。在这几年里,他使达美乐成为了世界上最大的送货上门的商业机构,由此,汤姆成为美国最富有的企业家之一。

汤姆经历了一次又一次跌倒,但他始终没有退缩,每一次都勇敢地站起来,最终达到了事业的顶峰。要知道,挫折未必是一件坏事,不过是让我们多了一份阅历，多了一笔财富。因此，当我们面临失败的时候，就把它当作一次课程来上吧，这无疑是个学习的好机会。

1832年，林肯失业了，这让他很伤心。之后，他下决心要当政治家，当州议员，但糟糕的是，他竞选失败了。在一年里遭受两次打击，这对他来说无疑是痛苦的。

接着，林肯着手自己开办企业，可一年不到，这家企业就倒闭了。在以后的17年间，他不得不为偿还企业倒闭时所欠的债务而到处奔波，历尽磨难。

随后，林肯再一次决定参加竞选州议员，这次他成功了。他内心萌发了一丝希望，认为自己的生活有了转机："可能我可以成功了！"

1835年，他订婚了，但离结婚还差几个月的时候，未婚妻不幸去世。这对他精神上的打击实在太大了，他心力交瘁，数月卧床不起。1836年，他患上了神经衰弱症。

1838年，林肯觉得身体状况良好，于是决定竞选州议会议长，可他失败了。1843年，他又参加竞选美国国会议员，这次仍然没有成功。

林肯虽然一次次地尝试，却是一次次地遭受失败：企业倒闭、情人去世、竞选败北。要是你碰到这一切，你会不会放弃——放弃这些对你来说很重要的事情？

林肯是一个聪明人，他具有执着的性格，他没有放弃，他也没有说："要是失败会怎样？"1846年，他又一次参加竞选国会议员，最后终于当选了。

两年任期很快过去了，他决定争取连任。他认为自己作为国会议员的表现是出色的，相信选民会继续选举他。但结果很遗憾，他落选了。因为这次竞选他赔了一大笔钱，林肯申请当本州的土地官员，但州政府把他的申请退了回来，上面指出："做本州的土地官员要求有卓越的才能和超常的智力，你的申请未能满足这些要求。"

接连又是两次失败。在这种情况下，你会坚持继续努力吗？你会不会说"我失败了"？

林肯没有服输。1854年，他竞选参议员，但失败了；两年后，他竞选美国副总统提名，结果被对手击败；又过了两年，他再一次竞选参议员，还是失败了。

林肯尝试了11次，只成功了2次，但他一直没有放弃自己的追求，一直在做自己生活的主宰。1860年，他终于成功当选为美国总统。

事实上，不仅是林肯的成功如此，每一个成功人士的成功无不是充满失败和一步步重新再来的过程。所以，不要埋怨自己的不幸，更不要因为失败而气馁，失败只是成功的下一个起点而已。

失败不是人生的遗憾，因为每一次成功的背后，总是隐藏着无数次的失败，我们只有跨越这一次次的失败，才能做出成绩。

有这样一句话："成功不是终点，失败也不是终结。"我们要把它牢牢地记在心中，然后像汤姆那样，把输赢看得淡些，正确地看待输赢，实实在在地走好每一步，正确判断自己前进的方向。那些害怕失败或仅经历过一次失败便畏缩不前的人，是无法赢得最后的胜利的。

5. 不是没有价值，而是你没发现

有些东西不是没有价值，而是你没有发现它的价值。改变惯常看法，对事物所拥有的价值进行全方位的重新审定，可以从中发现和开发更为有利的价值观念、知识储备和实践目的等，这些因素都会对视角产生影响。

所谓价值观，就是人们对外界事物价值大小的看法。在现实生活中，我们会遇到形形色色的事物，有些能够满足我们的需要，对我们有价值；有些则对我们毫无用处，也就是没有价值。但常常会出现这样一种情况：同一件东西，一个人看起来十分有用，而另一个人则觉得毫无价值。这就是人与人之间在价值观念上的差异。

很多成功人士都是事业和生活中的有心人，这些人往往勤于观察，善于发现，乐于思考。当一些人从生活中发掘了致富信息，并获得成功后，有些人会顿生懊悔之心，说："我天天都见到那些致富信息，怎么没想到利用它来致富呢？"

1857年，大学毕业的摩根进入邓肯商行工作。一次，他到古巴的哈瓦那出差，给公司买海鲜。就在他买好了要走的时候，背后传来了一个声音："先生，你要买咖啡吗？我半价卖给你！"

"半价？"摩根很吃惊，回头看是个陌生人，那人赶紧上来解释说："我是巴西人，是这艘船的船长，本来是给一个美国商人运送咖啡的，结果那个美国人破产了，这船咖啡就卖不出去了。我看你像个生意人，如果你要买的话，就算帮我的忙了，我就给你算半价好了！"

这么一说，摩根就动心了，因为好的咖啡都产自南美，捡这么大个便宜肯定划算。于是，他跑上船看了看，发现成色不错，便毫不犹豫地替老板邓肯做了这笔生意，买下了这船咖啡。

但他遇到了一个不领情的老板，邓肯知道后，大发雷霆："谁让你自作主张的？绝对不许以公司的名义买！"

摩根这下呆住了，钱都给别人了，退掉是不可能的。于是，摩根决定自己做这个生意。他向同为商人的父亲借钱赔给了老板，然后又跑去买了一大批咖啡。

结果，就在他买回咖啡后不久，巴西就出现了罕见的严寒天气，咖啡产量减少，价格暴涨，摩根获得了意想不到的利润，邓肯对此也非常后悔。

事物的价值有时并不如你所想象的那样，有些东西不是没有价值，而是你没有发现。

一般来说，在同一国家、同一民族、同一时代，人们的价值观念往往相对比较接近；而在不同国家、不同民族、不同时代，则会相去甚远。例如，在中国人的意识中，借债是贫穷和无能的代名词，所以中国人羞于借贷；而美国人则认为借债是社会信誉良好、一个人有能耐的表现，所以他们常常用借贷的方式去做大生意。中国人喜欢随大流，不敢标新立异；而美国人则喜欢与众不同，不怕出风头。价值转换思维告诉我们，改变惯常看法，进行转换思维，对事物所拥有的价值进行全方位的重新审定，可以从中发现和开发出更为有利的新价值。

日本水泥大王浅野水泥公司的创始者浅野忠一郎，在他23岁时身无分文，又找不到工作，有一段时间，每天都陷入半饥饿状态。

有一天，他发现了一个水泉，已挨饿整整两天的他捧起水来试饮充饥，一喝觉得清凉可口。

"就干脆卖水算了。"于是，在路旁摆摊卖水的生活便开始了，生财工具大部分是捡来的。

浅野卖水两年，25岁时已赚了一笔为数不少的钱。之后，他开始经营煤炭零售店。30岁时，当时的横滨市长听说浅野很会让无价值的东西产生价值，就召见他说："你以很会利用废物而闻名，但是人的排泄物，我想，你是没有办法去利用的了。"

"只收集一两家粪便不会赚钱，但收集数千人的大小便就会赚钱。"

"怎么样收集呢？"

"建公共厕所。"

这样，浅野就替横滨市设置了63处日本最初的公共厕所，因而成为了日本公共厕所的始祖。

厕所建好后，他就把收集粪便的权利以每年4000日元卖给别人。两年后，他创立了一家日本最初的人造肥料公司。也许你会感到震惊，创立日本最大水泥公司浅野水泥的资金，就是由这些公共厕所的粪便得来的。

成功的路千万条，但没有一条是相同的。人心各有一道，只有走自己的路，才能抵达成功的彼岸。走自己的路，就意味着走与众不同的路，步人后尘不会拥有光辉的前景，另辟蹊径才可能开拓出一个崭新的未来。因为没有哪一个人的成功之路是别人给自己开辟的，也没有哪一个人的成功之路是上天打造的风光之旅。所以，一个人要想取得成功，必须敢于打破常规，不受常规束缚，从常规中走出来，从世俗中走出来。若能做到这一点，你就可以发现一片新天地，获得那些在常规中不断转圈的人所得不到的绚丽瑰宝。

6. 另辟蹊径，会看到不一样的风景

当传统的方法无法解决问题时，我们应当学会另辟蹊径。另辟蹊

径能让你撇开别人的优势，如入无人之境般浮出水面，并跃上成功的平台。人生一世，每个人都想在某方面占据一方天地。

有两位青年都以在村边的山脚下凿石为生。其中一个把石块砸成石子运到路边，卖给建房人；另一个人则认为这儿的石头奇形怪状，卖重量不如卖造型，于是把石块运到码头，卖给城里的花鸟商人。3年后，卖怪石的青年成为了村里第一个盖起瓦房的人。

后来，村里不许开山，只许种树，于是，这儿的田野就成了成片的果园。每到秋天，漫山遍野的鸭梨招来八方商客。村里人把堆积如山的梨子成筐成筐地运往北京、上海，还出口到韩国和日本。就在村里人为鸭梨带来的小康日子欢呼雀跃时，曾卖过怪石的那个人又卖掉果树，开始种起了柳树。原来，他发现，来这儿的商客不愁挑不出好梨，只愁买不到装梨的筐子。5年后，他成了村里第一个在城里买房的人。

做生意如果随波逐流，没有自己的特色，就很难挣到大钱；反过来，倘若善于分析，另辟蹊径，那你距离成功也就不远了。

实际上，促使人类社会进步的一切科技发明，起因都是解决问题过程中的"另辟蹊径"。比如为了解决"怎么才能更快地收割小麦"的问题，如果我们仅限于传统的方法——把镰刀磨得更快，而不是想着去创造另外一种方法，就永远也发明不了联合收割机。

上一次解决问题的办法，这一次不一定最适用，我们可能还有其他的办法，也许还有比传统办法好上百倍千倍的办法。创造力和勇气是创业者成功的必备条件，因循守旧、缺乏创新的人，注定只能庸庸碌碌，无所作为。可以说，创造性活动是世界上最伟大的活动。模仿只能跟在别人身后，亦步亦趋，终究不会有什么发展。要想使自己有所成就，就必须学会突破自我，不断想出新点子。

一个名叫森元二郎的日本人在东京开了家咖啡店，这可能是世界上最豪奢的咖啡店了。这家咖啡店被装潢得如同帝王的宫殿一样豪华精美，服务员全都打扮成古代宫女的模样，更令人称奇的是，这里的一杯咖啡竟卖到了5000日元。而且，盛咖啡的杯子全部都产自法国，十分名贵，每个咖啡杯价值4000日元以上，而当顾客喝完咖啡后，这个昂贵的杯子将被包装好随赠顾客。有人会问，5000日元一杯咖啡，人们经常去喝岂不要喝成穷光蛋？其实，在5000日元一杯咖啡的背后，店内还有许多普通价值的咖啡和其他饮料，绝大多数顾客喝的就是后者。森元二郎卖5000日元一杯咖啡是赔钱的，但他之所以是个富翁而不是乞丐，是因为他独辟蹊径地运用了"欲擒故纵"的战术，即以贵咖啡为招牌狂销普通咖啡。

日本理光公司的创始人市村清有一句名言："行人熙攘的背后有蹊径。"意思是说，大家都在走的道路前端不会有"金山"等着你，倒是不为人注意的地方有可能让你发现财富。有时，换一个角度来思考可能就会产生豁然开朗的感觉，善于运用"超常识"的法则进行经营，才能与众不同，别出心裁，独树一帜，出奇制胜，抢得商机。

在日本的横滨有家叫"有马食堂"的料理餐馆，外表上看起来并不华丽高雅，其内部装修也很朴素简单，供应的菜式也是日本较大众化的东西。但那里的生意却异常红火，每天都有络绎不绝的顾客，特别多的是带着小孩的顾客。

为什么这么一家普通的餐馆生意会比其他同类餐馆要兴旺呢？这引起了很多人的关注。

原来，"有马食堂"经营有术，与众不同，他们以馈赠的形式招徕顾客。具体做法也是别具一格：每当有带着小孩前来店里用餐的顾客，该餐馆的服务员就会热情地给顾客带来的小孩送上一条绘有动物图案的纸制围裙。

其实，这条纸围裙不值多少钱，其价值相当于0.2美元，那么，为什么会受到人们的喜爱呢？原因就在于这围裙由本店的"画家"当场画上各种精美图案，所画的图案均是小孩子喜欢的小动物，生动有趣，让孩子爱不释手。孩子在餐馆进餐时，围上这一美不胜收的小围裙，吃得都十分开心，当然，父母这一顿饭也倍有乐趣。用完餐后，小朋友就可以把这条围裙带回家去。

因为围裙是手画的多种多样的图案，小朋友总是希望能多获得几条，所以他们常常要求父母带他们到"有马食堂"去用餐。天下父母都有一颗爱子之心，看到孩子得到围裙的高兴情景，自然会寻找时机常带孩子前来光顾。开始时，这些顾客与其说来用餐，不如说是为了取悦自己的儿女。就这样，一次两次，重复多次之后，他们渐渐对"有马食堂"有了感情，成为了那里的常客。也因此，一传十，十传百，"有马食堂"的名声传遍了横滨市，它的生意兴隆发达也是自然的事了。

可见，经营者要获得成功，除了有质量上乘的服务外，还要有高明的促销策略。

只有敢于打破常规的人，才能开辟出一条别人不曾走过的路；只有在别人没到过的地方，才可能得到别人想不到的收获。

7. 别具一格，见缝插针寻找商机

一家电台请一位商界奇才谈他的成功之道。只见他先是淡淡一笑，然后说："还是出道题考考你们吧。某地发现了金矿，人们一窝蜂地拥去，然而，一条大河挡住了必经之路，换成你，你会怎么办？"

有人说绕道走，也有人说游过去。他却笑而不语，良久，他说："为什么非得去淘金？为什么不可以买一条船开展营运呢？"

他说："那样的情况下，宰得渡客只剩下一条短裤，他们也会心甘情愿，因为前面有金矿啊！"

"干他人不想干的，做他人不曾想的。"这就是成功之道。

困境在智者眼中往往意味着一个潜在的机遇，只是我们不曾意识到。

有一个在北京打工的年轻人，一天，他外出办事，在一座三层楼前，被一则招租启事吸引住了。

启事上说，产权拥有者欲将这栋破旧的三层楼出租，年租金40万元，租金一次性交清。前门是北京客流量最大的地段之一，在这里拥有一家店，就意味着拥有了一棵摇钱树。年轻人看中了这栋楼，但被它昂贵的租金、苛刻的付款方式难住了。此时，他身上仅有5万元。借，来北京才一年，举目无亲，也没有有钱的朋友，到哪里借钱？贷，能贷到款，就不用来北京闯天下了。然而，他最终还是想出了办法。

首先，他找到房主，把5万元钱交给房主作为定金租下这栋空楼。他与房主签订协议，协议规定：45天内，年轻人把年租金40万元交齐，若45天期满还付不清全部租金，房主不退定金，收回房子另租他人。

租房协议签订后，他找到一家装修公司，签订了装修协议。协议规定：装修公司在25天内，按年轻人的设计思路把房子装修一新，45天后付装修费。

接着，他与5家商场签订赊购协议，以赊账的方式购置了地毯、桌椅、厨房用具、卡拉OK设备等，其价款和装修费用达70万元，装修后的楼房是个中档饭店。

与此同时，年轻人四处张贴招租广告，在不到20天的时间里，有20多位有意者前来洽谈，最终以年租金140万元转租出去。当他收到140万元租金的时候，距他交清房主租金的期限仅有3天。结果，他不仅还清了欠款，还净赚了30万元。

在市场经济中，无论是繁荣还是萧条，都有大量的发展机遇。巧妙地利用"市场空白"，不失为捕捉商机的绝佳方法。激烈的市场竞争中，"填空当"是一门大学问。俗话说"见缝插针"，寻找商机必须要有眼光和灵活性。别人横着站，你不妨侧身而立，利用好别人剩余的空间，你完全可以站得更安稳牢靠。

查理是一位年过四十的商人，出生在一个偏远的山区，父母都是农民。查理是一个思维敏捷的年轻人，脑子里成天想着发财的事情。尽管他的想法常常遭到别人的嘲笑，但他依然没有放弃。

查理经常到另外一个同样非常偏远的山区去，开始的时候，他只是帮助需要劳力的人家做事，后来，他在这个山区做起了生意。查理发现这个地方的商品交易非常落后，于是就萌发了开一个小型商场的想法。他把这个想法告诉家人后，遭到了反对，他的家人认为，那么贫穷的地方，生意必定不会好，但是查理坚持自己的想法。

事情如他所预想的那样一帆风顺，生意出奇好。农民们的产品有了正规的交易市场，经济逐渐活跃，市场进入了良性循环。

从差异中捕捉机遇，从市场空白中找到财源，在全球一体化的大商圈中巧妙地利用时间差或空间差，就完全可以实现自己的致富梦想。在市场经济中，一直都有大量的发展机遇，关键是要培养你的智慧，在激烈竞争的夹缝中找到一些被人忽略的盲点，看准其中蕴藏的商机，果断出击。

现在，社会上流行送花表达情意，世界各个城市都有出售鲜花的商店，人们在这里购买各种鲜花，作为祝贺喜庆和安慰病人的礼品。但在智利首都圣地亚哥却有一家专门出售"死玫瑰花"的商店，该店出售、寄送枯死的玫瑰花瓣和花叶，以高明礼貌的方式为失恋者、受骗者、失意者、落魄者进行报复。

这家"死玫瑰花"商店的创办人叫凯文·米毛。他会创办这家商店，是因为自己有切身体验。

一次，他失恋了，在痛苦与愤怒的彷徨之中，他发现窗台上一盆美丽的玫瑰花枯萎了，他觉得这是他死亡了的爱情的象征。于是，他灵机一动，剪下那朵死玫瑰，用一根黑色的丝带扎好，寄给了以前的恋人。他这样做了以后，感到心情有了明显的好转，失恋的创伤有了很大程度的平复。

富有经营头脑的凯文·米毛从失落感中解脱出来后，决定开办"死玫瑰花"商店，专门出售、寄送枯花和死花。每寄一束枯萎的玫瑰收费40美元，比购买一束鲜花价格高出一倍。但这家花店确实有其独特的魅力和奇妙的用途，所以自开张以后，博得了各界人士的欣赏，每天顾客盈门，应接不暇。

那些垂头丧气、心存报复的人源源不断地从全国各地涌来，要求凯文·米毛寄枯萎的花瓣给感情骗子、下流老板、卑鄙的生意合伙人，以及把爱情当作游戏的轻薄姑娘。那些收到死玫瑰的人，大多数都有不同程度的愧疚感，智利的司法机关还对凯文·米毛的事业给予了肯定。

常规是束缚创造力的关键，如果我们能够打破常规，冲出重围，我们就可以开启成功的大门，否则我们永远只能在成功的边缘徘徊。是的，我们只有摒弃传统思想的控制，敢于出格，才会有出路，才会成功。

8. 只有可能，没有不可能

在生活中，消极失败的人总是以"不可能"作为自己的口头禅，正是自己所奉行的"不可能"主义才导致了他们一直走向失败，一直与成功失之交臂。

古代波斯有位国王，想挑选一名官员担当一个重要的职务。他把那些智勇双全的官员全都召集来，试试他们之中究竟谁能胜任。

官员们被国王领到一扇大门前，面对这扇国内最大、来人中谁也没有见过的大门，国王说："爱卿们，你们都是既聪明又有力气的人。现在，你们已经看到，这是我国最大最重的大门，可一直没有打开过。你们之中谁能打开这扇大门，帮我解决这个久久没能解决的难题呢？"

不少官员只是远远张望了一下大门，就连连摇头；有几位走近大门看了看，退了回去，没敢去试着开门；另一些官员也都纷纷表示，没有办法开门。

这时，有一名官员走到大门下，先仔细观察了一番，又用手四处探摸，用各种方法试探开门。几经试探之后，他抓起一根沉重的铁链子，没怎么用力拉，大门竟然开了！

原来，这座看似非常坚固的大门，并没有真正关上，任何一个人，只要仔细察看一下，并有胆量试一试，比如拉一下看似沉重的铁链，甚至不必用多大力气推一下大门，都可以打开。如果连摸也不摸，看也不看，自然会对这扇貌似坚固无比的庞然大物束手无策。

国王对打开了大门的大臣说："朝廷中重要的职务，就请你担任吧！因为你不光是限于你所见到的和听到的，在别人感到无能为力时，你却会想到仔细观察，并有勇气冒险试一试。"他又对众官员说："对于任何貌似难以解决的问题，都需要开动脑筋仔细观察，并有胆量冒一下险，大胆地试一试。"

那些没有勇气试一试的官员们，一个个都低下了头。

其实，生活中有很多能够成功的机会，但为什么我们总是与其失之交臂呢？那是因为在很多时候，我们不能做到独立思考，在面对挫折和困难的时候，缺少克服的勇气和信心，或者是被各种原有的条条框框所左右，最终走向失败。所以，无论在何时，都要勇敢地迈出第一步，只有这样，我们才有机会取得成功。

只要敢于蔑视困难，把问题踩在脚下，最终你会发现：所有的"不可能"，都有可能变成"可能"。

"不可能"只是失败者心中的禁锢，具有积极态度的人，从不将"不可能"当回事。

奥康的发展过程中创造了许多别人觉得无法做到的"神话"，而这些所谓"神话"的产生，其实正体现了敢于蔑视困难、把问题踩在脚下的精神。

2006年，为了满足生产的需要，奥康准备再盖一栋厂房。为了让厂房能够以最快的速度投入使用，奥康的高层对负责这一工程的主管下了死命令：3个月内必须将厂房建好。

开始时，很多人都认为这是天方夜谭，盖这样一栋厂房最少需要8个月，3个月建好，这不是开玩笑吗？

但在奥康，没有什么不可能。

奥康制订出了一个详细的工作计划，什么时候该完成什么工作都写得清清楚楚，并采取了一系列措施。如为了用足24小时，奥康安排工人三班倒，晚上的工资是白天的3倍。这就是奥康所信奉的"宁愿损失金钱，也不能浪费时间"。

终于，在所有人的努力下，厂房用3个月时间如期完成了。

当时，有一个工人开玩笑地说："奥康建房就像山里的竹笋一样，前一天还没破土，第二天就冒出来了。"

其实，除了3个月建成厂房，奥康还创造了很多个"不可能"：

"西部鞋都"，这块荒地上诞生的奇迹，在开始时看来也是不可能，但最后，"不可能"变成了现实；

和意大利一流制鞋企业GEOX的合作，在别人看来同样不可能。因为当时GEOX考察的中国企业有七八家，论实力，奥康比不过某些企业；论名次，奥康被排在考察的最后一位。在考察奥康之前，GEOX内部已经有了初步定论，甚至有些人提议不要去奥康了，免得浪费时间。但没有想到的是：最终，奥康成了GEOX在中国唯一的合作伙伴；

几年前，当奥康决定投资生物制药时，遭到了很多人的反对，可事实证明，投资这一领域是很有眼光和商业前景的；

黄冈商业步行街是奥康打造100条商业步行街的第一条，之前几乎听不到赞同的声音，可是黄冈步行街的开业让所有不相信的声音从此销声匿迹。

……

当你鼓足勇气想要做好一件事情时，也许别人会告诉你："那是不可能的！"此时，你应该这样想：对他来说，这件事情是"不可能"的，但对我来说或许就是"可能"的。只有通过自己的不懈努力之后才能发现最终的结果，所以，在有结果之前，千万不要泄气，坚信自己一定能比别人做得好，这样才能做出惊人的成绩，取得意想不到的效果。

所以说，"没有办法"或"不可能"对你没有任何好处，请马上在你的字典中将它们删除！

第十章

创新逻辑——
走的人多了就没有了路

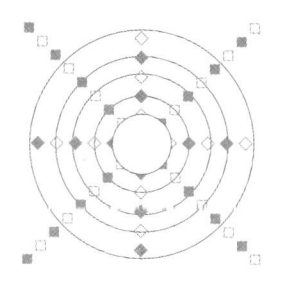

1. 大家都称赞的"创意"没有价值

阿里巴巴的创始人马云曾经说过:"给我一个项目,我让10个人看,如果10个人都说好,我会毫不犹豫地将它扔进垃圾桶,因为大家都说好的东西,我马云何德何能,怎么能够做得比别人好?如果10个人中有9个都说不好,那我会仔细看这个项目,等我仔细看了,发现这个项目确实不好,我会放心地丢掉;但是,如果我仔细看了,发现了别人没发现的东西,那这机会就独属于我了。"

马云的逻辑与众不同,他所说的话颠覆了长久以来人云亦云、随波逐流、盲目从众的感性思维。我们常说:"大家好才是真的好。"这句话并没有错,但它也从某个角度上证明大家都看到了其中的玄机。如果一个创业项目大家都说好,很可能已经有人在做这个项目了,这个时候你再去做,就是步人后尘,你有什么优势去超越别人?就算还没有人开始做,你是第一个做的人,你身后还会有一大批人来做这个项目,面对那么多竞争者,你又有什么竞争优势?你如何能一枝独秀呢?这就是马云的创业逻辑,他选择的是别人未曾走过的路,而不是随波逐流。

仔细观察各个领域的成功者,不论是音乐家、画家,还是商界大亨,他们能取得成功不是因为模仿别人,而是因为他们能坚定地走大家都不想走或不敢走的路。

吃过葡萄的人都知道,葡萄籽坚硬,牲畜不吃,沤粪不烂。面对谁都不要的葡萄籽,在北京的郑州女孩张丽雯却用自己的逻辑思维去分析,她说:"葡萄籽不是垃圾,而是放错了地方的宝贝!"

既然是宝贝，那么张丽雯肯定不会放过。消息传开，北京大大小小的葡萄酒厂纷纷找上门来，希望张丽雯收下"一文不值"的葡萄籽，而且他们答应长期免费供货。男朋友见张丽雯四处收集葡萄籽，便劝她："这是傻子才肯做的事，别人都不要的废物，你要干什么？"

"不从众，才会出众！越是别人不看好的葡萄籽，就越有商机。"张丽雯非常自信地开起了玩笑，她告诉男朋友，"这是商机，暂时保密。"2009年8月，张丽雯筹集了300万元，从法国采购了一套压榨设备，建了一个葡萄籽榨油厂。

葡萄籽能榨油？直到这个时候，人们才知道张丽雯大量收集葡萄籽的目的，原来，她是想把葡萄籽加工成葡萄籽油。张丽雯是怎么知道这个秘密的呢？原来，她有一位同学在法国著名的葡萄酒产地波尔地区打过工，他告诉张丽雯：葡萄籽可以榨油。同学还告诉她，葡萄籽油含有4%左右的花青素，具有很好的美容效果，还含有维生素E、维生素A等多种人体需要的营养成分，它的食用价值甚至比花生油还高，在国外广为销售。正是受到这些话的启发，张丽雯才大胆地做出了建葡萄籽榨油厂的决定。

2010年年初，张丽雯的葡萄籽榨油厂生产的葡萄籽油一上市，就立马成了抢手货。由于产品不愁销路，原料又不花钱，这一年，张丽雯净赚500多万元。到2012年6月，张丽雯已经从葡萄籽中挖掘出了2000多万元的巨额财富。

成功的人，是突破传统定式的创新者，他们敢于向未知挑战，敢于挣脱常规，敢于在变化中冒险，敢于在得失中放弃。也只有富于创新精神，打破思维定式，才能够在激烈的竞争中胜出。如果总是因循守旧地按照传统办事，永远都不能走在时代的前列，只能拾人牙慧。

通常，很多人在思考同一类问题时，不知不觉地就会滑向惯性的旋涡，绕着常规的思路打转，很难从中挣脱出来。惯性思维好比是一个无形的枷锁，严重地束缚了创新思维的生存与发展，将众多的大好机遇轻易放过。

如果你想创新并取得成功，你就应该有冒险精神，想别人不敢想，做别人不敢做，只有这样，才能取得别人不可能取得的成功。

台北市的环亚大饭店，内部装修富丽堂皇，整体气派豪华，拥有千余间套房，号称是台湾最大的饭店。但在环亚大饭店还没有取得营业执照的时候，就已经被处罚了3次，罚款共计约40万元。此事成为了台湾各新闻媒介争相报道的新闻，没开业的环亚大饭店也因此名声在外。

很快，环亚大饭店就推出了开价1万元和50万元的总统套房，天价套房的设置让饭店受到了人们的责难。然而，这些令人瞩目的负面宣传，却成就了环亚大饭店。媒体免费地为其大力宣传，不但节省了上千万的广告费用，还成为了社会各界瞩目的焦点，远远超过了业务广告的效果。

因此，环亚大饭店在部分设施尚未完工时，就已经吸引了众多的观光者投宿，可谓名利双收。

环亚大饭店在广告宣传上可以说是用尽了心思，没有花一分钱的广告费，就达到了妇孺皆知的目的。它并没有按照固有模式去花巨额的广告费在媒体上做宣传，而是从自身上动脑筋，让媒体主动来关注。

哪里有眼球，哪里就有市场，正是媒体不断地报道，激发了人们的好奇心，才会对这个"绯闻"缠身的饭店情有独钟。

由上边的故事我们不难看出：创新思维并不是像有些人想象得那样高不可攀，其实它普遍存在于我们的日常生活中。比如，科学上的一个新思路或新构想，销售上的一个新点子，乃至日常生活中的一些新的想法等，都是创新思维的体现。而每进行一次创新活动，我们的头脑就进行了一次创新思维训练。但创造性又与知识有着很大的不同，知识可以传授，可以重复和背诵，创造性只能培养。

没有突破就没有创新，没有创新就没有活力，没有活力就没有生命力。所谓突破，就是打破旧的传统、习惯、经验等思维定式，使思维创新产生质的飞跃。成功的喜悦从来都属于那些思路常新、不落俗套的人们。

2. 创新思维，点睛之笔

创新思维是指具有新颖性，能解决某一特定需要或目的的思维过程。创新来源于思维，作用于生活，每一个人都可以通过思维创新来改变自己的命运。松下幸之助曾经说过："今日的世界，并不是靠武力统治而是靠创新支配。"

松下公司是一个跨国性公司，2001年全年的销售总额为610多亿美元，为世界制造业500强的第26位。松下公司总裁松下幸之助起初是由生产电插头起家的，由于插头的性能不好，产品的销路大受影响，不多久，他的企业就陷入了困境。

一天，他身心俱疲地呆坐在沙发上看电视，电视节目中一对姐弟的谈话引起了他的注意。

黄昏时分,姐姐正在为了晚上的约会而熨衣服,弟弟想读书,而灯却无法打开,因为插头只有一个,用它熨衣服就不能开灯,两者不能同时使用。弟弟吵着说:"能不能快一点儿?叫我怎么看书呀!"姐姐哄着他说:"好了,好了,我就快熨好了。"姐姐和弟弟为了用电,一直吵个不停。

松下心里想,这也太不方便了,为何不生产出可以两用的插头呢?于是,他认真研究这个问题。不久,他就组织研发人员开发出了两用插头。产品问世之后,深受消费者的欢迎,订货的人越来越多,产品供不应求。他只好增加工人,同时也扩建了工厂。松下的事业,就此走上了稳步发展的轨道,利润大增。

创新可以来源于知识的积累,同样也可以是来自于生活中的灵感。其实,许多最有创意的解决方法都是来自于对生活的热爱。在对待同一件事时,应从不同的角度来解决问题,就算是最尖端的科学发明也是如此。爱因斯坦曾说:"把一个旧的问题从新的角度来看需要丰富的想象力,这成就了科学上真正的进步。"

有一个年轻人,花了很长时间找工作,但都以失败而告终。这次,他好不容易在朋友的介绍下,在一家牙膏制造公司得到了一份做杂事的工作,薪水少得可怜。

为了使目前已近饱和的牙膏销售量迅速提高,总裁重金悬赏,只要能提出足以令销售量增长的具体方案,便可获得高达10万美元的奖金。

所有人都绞尽脑汁,在会议桌上提出了各式各样的点子,诸如加强广告、更改包装、设更多销售据点,甚至于攻击对手……几乎到了无所不用其极的地步。而这些陆续提出来的方案显然不为总裁所欣赏和采纳。

在凝重的气氛当中，这位年轻人走进会议室为众人加咖啡，无意间听到了讨论的议题，不由得放下手中的咖啡壶，在大伙儿沉思更佳方案的肃穆中，他怯生生地问道："我可以提出我的看法吗？"

总裁瞪了他一眼，没好气地说："可以，不过你得保证你所说的能令我产生兴趣，否则你就给我滚出去。"

这位年轻人轻巧地笑了笑："我想，每个人在清晨赶着上班时，匆忙挤出的牙膏长度早已固定成为习惯。所以，只要我们将牙膏管的出口加大一点儿，大约比原口径多40%，挤出来的牙膏重量就多了一倍。这样，原来每个月用一管牙膏的家庭，是不是可能会多用一管牙膏呢？诸位不妨算算看。"

总裁细想了一会儿，率先鼓掌，会议室中立刻响起一片喝彩。年轻人因此获得了10万美元的奖金。

有时，将自己的思考模式或方向巧妙地转个弯，就可以看到更开阔、更壮丽的美景。

在菲律宾的首都马尼拉，有一家"侏儒餐厅"，这家餐厅上至经理下至侍者，都是些最高不过1.30米、最矮只有67厘米的侏儒。由于奇特的服务方式，使得各国游客纷纷慕名而至，餐厅生意十分兴隆。

其实，餐厅的老板吉姆刚开始在酒店林立的马尼拉经营餐厅时，也同其他餐厅一样，招了一些漂亮的姑娘和英俊的小伙子当服务生，但生意并不景气，顾客稀稀拉拉。可吉姆是个雄心勃勃的人，他不甘示弱，决心将餐厅的经营面貌彻底改观。

吉姆苦苦地思索着振兴餐厅的良策。一天，他在大街上偶然发现了一个头大身小的侏儒，这个小矮人看上去相貌滑稽可爱，平时极少见到。吉姆灵机一动，一个奇妙的想法立刻占据了他的脑海：何不办一个侏儒餐厅？

于是，吉姆招了一些侏儒人，他们有的当厨师，有的当收银员，而更多的是当服务生。很快，"侏儒餐厅"就以它奇特、滑稽可笑的服务方式而独领风骚。

每当顾客走进餐厅，马上就会受到一位身小头大的矮个子服务生的热忱欢迎，他笑容可掬地向顾客递上一条热毛巾，顾客在舒适的座位上坐定，又有一个动作、形态滑稽的矮服务生送上菜谱，顾客们拿过菜谱时往往笑得合不上嘴。且不说该店的佳肴如何精美，单是这些矮人的殷勤好客、滑稽幽默，就够让人欢畅开怀、赞不绝口了。

像吉姆这样出奇制胜的感悟妙法，不得不令人佩服。现代社会竞争异常激烈，为求得自身的生存和发展，各路能人无不使出浑身解数。好运的人懂得换种思维面对生活细节，并且能在细节中创新。

3. 成功与否，创意决定

勇于打破常规，再加上自己独特的创新意识，便是一把开启成功大门的钥匙。一切成就与财富都来自创新的意识，你要做的就是充分发挥思考的能力，激活创新的意识。

第十章 创新逻辑——走的人多了就没有了路

曾有记者问皮尔·卡丹是如何越过那些事业发展中的绊脚石一步步走向成功的，他毫无保留地说："思维创新，然后为之付出实践，再不断地进行自我怀疑，这就是我成功的秘诀。"的确，从1959年的成衣革命，到皮尔·卡丹先给自己制作的服装印上自己名字的缩写字母，无不体现着"创新"二字。

在设计女性时装上的成功，并没有让皮尔·卡丹停止创新的步伐。酷爱钻研、敢于创新的他又在思考另一个问题：时装作为人类点缀世界的装饰物，不应该仅仅为女性所独有；男人也需要装扮自己，忽视了男性，就等于放弃了50%的市场。皮尔·卡丹决心打破女装一统天下的格局。

在当时的法国时装界，有一种沿袭多年的传统，认为真正的服装设计师只能问鼎女装，设计男装会被人们指责为离经叛道。对于这一点，已在巴黎时装界闯荡多年的皮尔·卡丹当然不会不知道。但是，强烈的创新欲望促使他大胆地涉足男装领域。不久，他设计的系列男装便问世了。

1959年，皮尔·卡丹又一次在巴黎举办时装展示会。展示的服装既有女装，也有男装。他的这一举动在巴黎时装界掀起了一场轩然大波，业界人士纷纷指责他的这种"离经叛道"。一时间，皮尔·卡丹成为众矢之的，在名誉和经济上都受到了极大的损失。

但是，皮尔·卡丹并没有因此而退缩，他不断地反问自己："男人怎么了？难道男人就不配穿自己喜欢的各种款式的衣服吗？"他继续设计男装，并坚持聘请时装模特做表演，而且规模比以前更大。他坚信：男装的春天一定会到来。

果然，没过几年，皮尔·卡丹便迎来了男装市场的春天。他设计的系列男装很快便占领了法国男装市场的半壁江山。

皮尔·卡丹是一个非常富有创造性的人，他具有独特的商业眼光，加之他锐意进取的精神，不久就打开了时装业的新天地。在法国，时装业本来是一个限制极严、顾客有限的特殊行业。巴黎时装店虽多，但够得上"高级时装"水平的服装企业也只有23家。皮尔·卡丹首先意识到，高级时装只有在群众中开辟市场，才能找到真正的出路。

1953年，他改变了时装经营的方式，把量体裁衣、个别定做改成小批量生产成衣，并不断地更新款式。事实证明，这样做是非常正确的，此举给他的服装业带来了无限的生命力。

他从大学里直接聘请时装模特，使人们更了解他的服装，这一招确保了他的成功。然而，他并没有到此为止，正当他的成就得到同行们一致公认的时候，他却预言高档时装正缓慢地走向死亡。他毅然地抛弃了服装业的明星制，把大批成衣送到各大百货商店去销售。此举又一次招来同行们的怨怒和责备，他们认为皮尔·卡丹这样做会毁掉时装业。

时至今日，哪家服装厂不在广泛地销售自己生产的成衣呢？然而在当时，他的做法的确是显得有些离经叛道。皮尔·卡丹承受了同行的攻击，他知道，那是开创和振兴服装业所必需付出的代价。

大胆突破、思维创新始终是皮尔·卡丹设计思想的中心。在著名时装设计师中，皮尔·卡丹第一个推出了成衣（1959年），第一个致力于开发服装配饰和香水，并且第一个决定不再参加各种时装发布会（1995年）。但这并不妨碍他在俄罗斯红场、中国长城等地举办自己的时装展览会。接管马克西姆餐厅对于这个极具超前思维的设计师来说是一个反常举动，但也许这是他保持平衡的一种方式，就像他成功地在设计师和商人两种身份之间找到了平衡。"我工作得很快，我不需要到夜总会或隐居在小岛上寻找灵感。我就像一台发动机，只要按下电钮就可以工作。"

第十章 创新逻辑——走的人多了就没有了路

一个人如果缺乏创新意识,却想做一位出色的成功者,那是相当困难的。好奇心强烈的人,不但对于吸取新知识有强烈的渴望,还会经常搜寻处理事物的新方法。

怎样才能使洗衣机洗后的衣服上不沾上小棉团之类的东西?这曾经是一个令科技人员大感棘手的难题。他们提出过一些有效的办法,但大都较复杂,需要增添不少设备。而增添设备既要增加洗衣机的体积和使用的复杂程度,又要提高洗衣机的成本和价格,为解决这么一个小问题而付出那么大的代价,未免有些不值得。

家庭主妇们也经常要为这个问题而大伤脑筋。然而,日本一位家庭主妇在碰到这种情况时,与其他人态度不同,她不是埋怨、发牢骚,而是急迫地希望能找到一个解决问题的办法。

有一天,她突然想起幼年时在农村山冈上捕捉蜻蜓的情景,并且把它与当前洗衣机需要解决的问题联系了起来。她想,小网可以网住蜻蜓,那在洗衣机中放一个小网是不是也可以网住小棉团之类的小杂物呢?

当时许多科技人员都认为,这样的想法太缺乏科学头脑,把科技上的问题看得太简单了。而这位妇女却没有顾虑这些,她利用空闲时间动手做起了她所设想的小网。3年时间,她做了一个又一个,反复地研究试验,终于获得了满意的效果。将小网挂在洗衣机内,由于洗衣机里的水使衣服和小网兜不停地转动,小棉团之类的东西就会自然地被清除干净,这样的小网兜构造简单,使用方便,成本低廉,而且一个可以使用许多次,它上市后,大受广大顾客的欢迎。而这位家庭主妇发明的这种洗衣机上的吸毛器,获得的专利费高达1.5亿日元。

创新的成功,总是包含着创新者强烈的创新意识。要想摆脱传统观念和习惯思维的局限，就要鼓励自己打破思维禁锢，激活创新意识。独创能力是人的能力中最重要、最宝贵、层次最高的一种。人类的文明，都是创新的结果，创新就意味着成功，就意味着开创一片新天地。

创意存在于我们每天的吃饭、走路、工作甚至是睡眠之中。从现在起，不要再对身边的事情视若无睹，以你高速运作的灵活头脑和睿智的目光去主动地发现机会、寻找机会，只要我们敢于打破常规，再加上自己独特的创新意识，就一定能成功。

4. 敢于冒险是创新的标志

人生就是一场冒险，走得最远的人往往都是一些愿意去做、愿意去冒险的人。

摩洛·路易斯的非凡成就来自两次成功的拼搏，一次在20岁，另一次在32岁。

摩洛在19岁时随家人一起搬到纽约。在此之前，他的生活已是多彩多姿，比一般人丰富得多。由于家人都爱好音乐、戏剧，在这种环境的熏陶之下，几乎所有乐器摩洛都能演奏。他是一般人眼里的天才儿童——不到10岁，他便指挥过交响乐团；12岁时，他从事鸡蛋买卖，做得有声有色，雇有16名少年为他工作；到了14岁，他独立组织了一支舞蹈团；高中毕业之后，他又投身新闻界，成为了一名记者，与许多新闻界的老前辈班·希特、查尔斯、马尔沙等人一起工作；19岁时，他获得了音乐奖学金。

第十章 创新逻辑——走的人多了就没有了路

在纽约，他在一家广告公司找到了一份一周14美元的差事。针对当时的情景，摩洛回忆道："那时候我经常跑外勤，工作非常忙碌，成天像发疯似的，日子也过得特别快。6点下班后，我还到哥伦比亚大学上夜课，主修广告。有时候，由于工作尚未做完，所以下课后，我还会从学校赶回办公室继续做未完成的工作，从11点一直工作到第二天凌晨两点。"

摩洛非常喜欢需要创意的设计工作，而他也的确做得有声有色。

20岁时，摩洛放弃了在广告公司内颇有发展前途的工作与旁人梦寐以求的职位而决心自己创业。这便是他人生中的第一次拼搏。他完全投身于未知的世界，从事创意的开发，成绩令人满意。

他的创意主要是说服各大百货公司、CBS（哥伦比亚广播公司）成为纽约交响乐节目的共同赞助人。摩洛本人认为此法十分可行：一方面，当时的百货公司业绩不好，都希望能借助广告媒体提高形象与销售成绩；另一方面，在纽约，交响乐节目的听众有100万人，十分值得投资。于是，摩洛立于其间帮两边拉线。

这种性质的工作对当时的人来说相当陌生，所以做起来困难重重，而且，同时说服许多家独立的百货公司，分别采纳各公司的意见并加以整合，这种事过去从未有人完成过，更别说要他们拿出几百万美元的资金来。所以，很多人都觉得他不可能成功。

尽管如此，摩洛仍然十分卖力地进行说服工作，他做得相当成功：一方面，他的创意得到了认同，使他与许多家百货公司签订了合约；另一方面，他向CBS提出的企划案也顺利被接受，此后的10个星期，他干劲十足地与电台经理一同展开一连串的广告活动。更值得注意的是，这段期间内，他没有任何收入。

计划眼看着就要步入最后成功的阶段，但由于合约内某些细节未能达成而终告流产，他的梦也随之破灭。但"塞翁失马，焉知非福"，此事结束之后，CBS马上来挖角，雇用他为纽约办事处新设销售业务部门的负责人，并支付给他3倍于以往的薪水。于是，摩洛又再度活跃起来，他的潜力得以继续发挥。

如果你肯为自己的创意奋力拼搏，那么，机会随时都会在你身边，而摩洛的幸运也同样能在你身上发生。

在CBS服务几年之后，摩洛再度回到广告界工作，但这次不是从基层做起，而是直跃龙门——他担任华纳影片公司业务的汤普生智囊公司的副总经理。他与该公司负责人爱德·沙瑞本是在一次慈善活动中结识的。

那个时代，电视处于摇篮期，但摩洛和爱德皆看好它的前景，认为电视必将飞快发展，大有可为，故二人专心致力于这种传播媒体的推广。由他们公司所提供的多样化综艺节目，为CBS带来了空前的成功。

这便是摩洛人生中的第二次拼搏。为了它，他再次放弃原来可以平步青云的机会，走入了另一个未知的世界。但这次冒险并不完全是孤注一掷，他是看准后才押上了自己的赌注。最初两年，他仅是纯义务性地在《街上干杯》的节目中帮忙，没想到竟使该节目大受欢迎。1951年，他被CBS任命为所有喜剧和综艺节目的制作主任。

摩洛·路易斯的成功之道就是敢为天下先，敢于冒险。人的一生本来就充满险阻，很多人之所以不能取得成功，是因为他们害怕失败。

冒险是对生命的一次尝试，也是对机遇的一次探索。只有敢于尝试，才可能离成功更近。心理学和人才学的研究认为，创新型人才的个性品质主要包括勇敢和冒险的精神、独立性、自信心、顽强的意志和旺盛的求知欲等几个方面。其中，勇敢和冒险的精神是创新个性中最重要的特点。

第十章 创新逻辑——走的人多了就没有了路

1988年10月27日，秘鲁的一艘潜水艇在公海上被一艘日本商船撞沉，船长及大副等6人死亡，24人逃离险境，还有22人随潜艇沉入海底。

危急关头，大家推举老船员詹特斯为临时船长，让他拿定逃生办法。时间一分一秒地过去，潜水艇还在继续下沉，有人绝望了。

詹特斯想到发射鱼雷的方法，他决定冒险搏一把——用发射鱼雷的方法，将人一个个地发射出去。

然而，这样做实在太危险了，因为，人被发射后，要承受巨大的压力，弄不好会留下终生难以治愈的"沉箱肩"。

这时，潜艇已沉入海中33米，不能再犹豫了！

詹特斯告诉大家：进入鱼雷弹道口前，尽量把腔内的空气排净，否则肺会像气球一样在发射中爆炸。

最终，这22人中除一人脑出血外，都被安全地射上海面，死里逃生。

冒险是用自己现有的安逸去交换充满未知的将来，但这也是一次实现跨越的绝好机会。有限度地承担风险，无非带来两种结果：成功或失败。如果我们获得成功，就可以达到一个新领域，显然这是一种成长；就算我们失败了，我们也会清楚为什么做错了，学会以后该避免怎么做，这也是一种成长。适当地培育冒险精神，你才有可能突破自我，脱颖而出，走向卓越。

5. 用"心"才能创"新"

总听到有人抱怨自己时运不济，找不到任何开拓创新的时机，当看到别人有所成就时又会悔恨不已。殊不知，别人的"新"是用"心"换来的。

法国美容品制造师伊夫·洛列是靠经营花卉发家的。

伊夫·洛列从1960年开始生产美容品，到1985年，他已拥有960家分店，各个企业在全世界星罗棋布。

当时，伊夫·洛列的生意非常兴旺，摘取了美容品和护肤品的桂冠。他的企业是唯一使法国最大的化妆品公司劳雷阿尔惶惶不可终日的竞争对手。

这一切成就，伊夫·洛列是悄无声息地取得的，在发展阶段几乎未曾引起竞争者的警觉。

1958年，伊夫·洛列从一位年迈女医师那里得到了一种专治痔疮的特效药膏秘方。这个秘方令他产生了浓厚的兴趣，他根据这个药方研制出了一种植物香脂，并开始挨门挨户地去推销。

有一天，洛列灵机一动，何不在《这儿是巴黎》杂志上刊登一则商品广告呢？如果在广告上附上邮购优惠单，说不定会更有效地促销产品。

这一大胆尝试让洛列获得了意想不到的成功，当他的朋友还在为巨额广告投资惴惴不安时，他的产品却开始在巴黎畅销起来，原以为会泥牛入海的广告费用与其获得利润相比，显得微不足道。

当时，人们认为用植物和花卉制造的美容品毫无前途，几乎没有人愿意在这方面投入资金，而洛列却反其道而行之，对此产生了一种奇特的迷恋之情。

1960年，洛列开始小批量地生产美容霜，他独创的邮购销售方式又让他获得了巨大成功。在极短的时间内，洛列通过这种销售方式，顺利地推销了70多万瓶美容品。

如果说用植物制造美容品是洛列的一种尝试，那么，采用邮购的销售方式则是他的一项创举。

时至今日，邮购商品已不足为奇，但在当时，这却是行之所未行。

1969年，洛列创办了他的第一家工厂，并在巴黎的奥斯曼大街开设了第一家商店，开始大量生产和销售美容品。

伊夫·洛列对他的职员说："我们的每一位女顾客都是王后，她们应该获得像王后那样的服务。"

为了达到这个宗旨，他打破了销售学的一切常规，采用邮售化妆品的方式。

公司收到邮购单后，几天之内即把商品邮给买主，同时赠送一件礼品和一封建议信，并附带制造商和蔼可亲的笑容。

邮购几乎占了洛列全部营业额的50%。

洛列邮购手续简单，顾客只需寄上地址便可加入"洛列美容俱乐部"，并很快收到样品、价格表和使用说明书。这种经营方式对那些工作繁忙或离商业区较远的顾客来说无疑是非常理想的。

这种优质服务给公司带来了丰硕成果，公司每年寄出邮包达99万件，相当于每天3万~5万件。1985年，公司的销售额和利润增长了30%，营业额超过了25亿美元，国外的销额超过了法国境内的销售额。

洛列的经历正好证实了金克拉的话："如果你想迅速致富，那么你最好去找一条捷径，不要到摩肩接踵的人流中去拥挤。"

日本是个服装王国，而独立公司则是这个王国中一颗格外耀眼的新星。独立公司不生产高档时装和名牌服装，而是独树一帜，专门为伤残人士设计和生产各种服装，因此在日本服装业占据了一席不可缺少的位置。

独立公司的老板是一位残疾妇女，名叫木下纪子。过去，她曾经营过室内装修公司，而且在该行业颇有名气。可就在事业一帆风顺的时候，一场意外的疾病——中风，给了木下纪子毁灭性的打击，她的左半身瘫痪了。木下纪子痛苦过、颓废过，觉得再没什么希望了，甚至还想过自杀。

但当她从极度痛苦中摆脱出来、冷静思考时，理智和意志终于占了上风："必须振作起来，不能让这辈子就这样了结！"

然而，对于一个瘫痪的残疾人来说，要做成事业实在太难了。就拿穿衣服来说吧，这是每天必做的极小的一件事，而木下纪子却要非常吃力地花上数分钟或更长时间。"难道就不能设计出一种让伤残人容易穿脱的服装吗？"一个全新的念头突然产生，一种要为和自己有同样遭遇的人解除不便的渴望重新燃起了木下纪子的事业心。

在这种思想的推动下，根据自己以往的管理经验和设想，木下纪子创办了世界上第一家专为伤残人士设计和生产服装的公司——独立公司。为什么取名为"独立"呢？它有两个方面的含义：一是表达了伤残人士的志愿和理想；二是木下纪子向世人宣告了自己要走独立自主的道路的理想。这个选择代表了她是一个强者。

公司开业之后，生意非常好。这主要是因为木下纪子确实抓住了特殊人群的生活需要，满足了市场需求。另外，这还得益于她用心去做事业，在设计服装的时候，并没有体现残疾的特点，而是将其设计成了时装的模样，非常令人喜爱。

当然，关于这一点，木下纪子认为：在生活中，面对同样的事情，残疾人需要更多的勇气和信心，因此在设计服装上应该在服装的款式、面料及色彩多讲究一些，这样不仅使他们穿着更方便，还会增加他们的信心，何乐而不为呢？

在独立公司的发展过程中，日本政府给予了大力支持。另外，海外的一些客户也慕名而来，与她签订了长期合作关系，木下纪子的事业得到了很大的发展。

木下纪子是个有心人，更是用心人。"残疾人"的身份使她更能设身处地地去为客户着想，因为她足够用心，所以才能把事情做到细微之处，把事业做得更大。

生活中并不缺乏创新的机遇，而是缺乏用心之人。只要你用心地去观察、思考，就一定能够抓住创新的良机。

6. 创新能力的强弱在于能否突破

一切创新活动都离不开创新思维。要想取得成功，就要学会用与别人不同的思维方式、别人忽略的思维方式来思考问题，也就是说，要有一定的创造性。科学的真正意义在于发现，而从方法论来讲，能否发现则在于如何思维。科学发明是一种创造性工作，它的实质则在于创新，离开了创新将一事无成。

历史是源远流长而伟大的，这需要大家用心来学习。但我们在学习前人优秀东西的同时，也为自己编织了一张无形的网——前人固有思维的一张网。这张网给了我们许多知识，但有时候也网住了我们自己的思想。此时，只有勇敢地否定前人，冲破这张网，才能够创造新的东西，得到新的发展。

18世纪化学界流行"燃素学"。这种认为物体能燃烧是由于物体内含有燃素的错误学说，严重束缚了人们的思想，误使许多科学家都去积极寻找燃素，没有一个人对此表示怀疑。瑞典化学家舍勒也是热衷于寻找燃素的人之一，他从硝酸盐、碳酸盐的实验中得到了一种气体，实际上就是氧气，但他却以为自己找到了燃素，命名为"火气"，并解释为火与热是火气与燃素结合的产物。舍勒如果不受燃素说的影响，当时就能得到氧气的发现权。英国人普利斯特在实验中也得到了氧气，可因为笃信燃素说，而把氧气说成"脱燃素的空气"，遭到了舍勒同样的命运。

后来，普利斯特把加热氧化汞取得"脱燃素的空气"的实验告诉了拉瓦锡。拉瓦锡却未从众，他不受燃素说的束缚，大胆地提出怀疑，经过分析，终于取得了氧气的发现权，使化学理论进入了一个新的时期。

要善于思维创新，敢于否定前人，培养提出问题的能力。学习新知识，不能完全依靠老师，也不能盲目迷信书本，应勇于质疑问题。勇于提出问题，这是一种可贵的探索求知精神，也是创造的萌芽。创造的机制是：由于知识的继承性，在每个人的头脑里都容易形成一个比较固定的概念世界，而当某一些经验与这一概念世界发生冲突时，惊奇就会产生，问题也会随之出现。而人们摆脱惊奇和消除疑问的愿望，便构成了创新的最初冲动。因此"提出问题"是创新的重要前提。

作为一家五金商行的小职员，沃尔伍兹只想当一名称职的员工。当时，他们商店积压了一大堆卖不出去的过时产品，这让老板十分烦心。

沃尔伍兹看到这里，产生了一个新的想法。他想：如果把这些东西标价便宜一些让大家自行选择，肯定会有好销路。

他对老板说："我可以帮您卖掉那些东西。"老板听了他的意见后同意了。于是，他在店内摆起了一张大台子，将那些卖不出去的物品都拿出去，每样都标价10美分，让顾客自己选择自己喜欢的商品，这些东西很快就销售一空。后来，他的老板又多找了一些物品放在这张台子上，也都很快卖完。

于是，沃尔伍兹建议将他的新点子应用在店内的所有商品上，但他的老板害怕此举失败，会给他的生意带来损失，所以拒绝了他的建议。

之后，沃尔伍兹开始用自己的创新想法来独立创业。

沃尔伍兹找来了愿意冒险的合伙人，经过努力，他很快就在全国建立起了多家销售连锁店，赚取了大量的利润。他的前老板后悔地说："我当初拒绝他的建议时所说的每一字，都使我失去了一个赚到100万美元的机会。"

创造力和勇气是创业者成功的必备条件，因循守旧、缺乏创新的人，最终只能庸庸碌碌，无所作为。

因此，一定要打破传统的思维定式，去获得常规之外的东西。遇到问题时，一定要努力思考：在常规之外，是否还存在着别的方法？是否还有别的解决问题的途径？只有这样，才能抛弃旧有的条条框框，让思维变得更加灵活多样、敏捷准确，从而增强自己的创新能力。

7. 大胆革新，锐意进取

培根在300年前说："不愿用新式疗法的人必见新灾，因为时间正是伟大的改革者。"经营者要看清形势，通过各种手法灵活应变，与时俱进。只有跟紧变化，适应现实的需要而不断变换经营模式，不断求新、求异、求变，才能因时而定、因人而定，在经营中充满生机活力，变得更大、更强、更具竞争力。

早在第二次世界大战期间，美国空军要求制造多引擎轰炸机的时候，一些飞机制造公司都把"多引擎"一词解释为双引擎，唯有波音公司雄心勃勃地突破技术难关，设计出了四引擎的巨型轰炸机。"空中堡垒B17"就是该公司的杰作，数年间就生产了12731架，在对德战争中发挥了无比威力，波音之名也由此让世人知晓。

不久，波音公司又推出了B29重型轰炸机，共制造了4000架，投下了17万吨炸弹及燃烧弹，在日本广岛和长崎投下原子弹的也是这种飞机。因大量制造轰炸机，促使波音公司的业务得到迅速发展。在第二次世界大战末期，其营业额竟高达6088亿美元。波音公司因此被人称为"不知后退的勇夫"，"像条野牛在向前狂奔"！

从20世纪50年代起，波音公司集中技术力量，研制并大量生产八引擎的超级空中堡垒B52轰炸机，这种飞机在越南战场上成了最活跃的角色。与此同时，波音公司着力研究喷气飞机。他们认为，随着世界形势趋向和平方向发展，除了制造用于战争的军用飞机外，还应大力发展民用喷气客机。

当时美国总统肯尼迪曾说："蜗牛步子的航空事业，有损美国的威信。"美国政府决定制造超音速喷气客机，估计需要资金45亿美元，拟定仅由一家公司负责，由政府辅助90%的资金。当时有不少飞机制造公司竞相争取这一生意，但最终，波音公司得到了这项任务，因为几乎在同时，他们已投资1600万美元在锐意研究了。1958年10月，他们首先推出了波音707，并立即交给泛美航空公司在纽约和伦敦之间的航线上试航。

当时，道格拉斯公司也积极竞争，决定迎头赶上，但道格拉斯公司比波音公司在时间上迟了整整两年。1961年，波音公司又推出了波音727和737，使道格拉斯公司望尘莫及。当其他公司拼命追赶之时，波音公司又推出了超大型喷气客机747，这种飞机可载客490人，若改货物可载1000吨。波音公司始终在技术领域中占尽先机，在航空界中一直占有绝对的优势。

半个世纪过去了，道格拉斯公司在20世纪70年代不得不同麦克唐纳公司合并，成了"麦道公司"的一部分。而到了1997年，波音又兼并了麦道，两家公司合并之后，新的公司仍叫波音，而麦道则永远消失了。美国波音飞机公司靠技术领先于竞争对手，抓住一个又一个机遇，成长为全球第一大飞机制造商。

美国著名管理大师杰弗里说："创新是做大公司的唯一出路。"我们面对的世界，不是一个故步自封的世界，而是一个充满竞争的世界，这种竞争主要是创造力和创造性的竞争，唯一持久的竞争优势是来自比竞争对手更快的革新。所以，现实的情形是要么革新、不断创造，要么就是死亡和破产。

1964年，菲尔·奈特在家乡美国俄勒冈州龙金市与田径教练鲍尔曼合伙开办了一家蓝带体育用品公司，开始自己制造运动鞋。1972年，为了扩大公司在美国社会的影响，奈特改用希腊神话中胜利女神的名称，正式把"蓝带体育用品公司"改名为"耐克公司"。奈特还买下了一位技术员发明的新型运动鞋的专利权，加以改进后命名为耐克运动鞋推向市场，受到了热烈的欢迎。

20世纪70年代末期，随着生活节奏的加快，跑步健身逐渐成为美国人的时尚，这种时尚的流行对耐克的产品更新影响甚大。耐克公司已注意到普通大众对运动鞋的需求是一个巨大的潜在市场，不仅要博得运动员对耐克鞋的好感，还要让普通大众也喜爱耐克鞋。奈特把这种观念深入耐克的新产品开发之中。在奈特的策划下，一种适合普通大众的跑步鞋被推向市场，受到了大众的欢迎，市场占有率高达50%。

奈特认为，不能只吃"老本"，要在原有运动鞋的基础上，投资研究适合不同年龄的人的运动鞋，留心他们到底喜欢什么样的款式，针对他们的喜好去设计，而他也发现了运动鞋消费模式的变化：对于流行品牌运动鞋，中产阶级比谁都热衷于购买。他们的消费能力比较高，重视生活品位和素质，喜欢一些较为优质的运动鞋，更加轻巧、舒适，更加美观，而牌子也当然要知名。

鉴于此，提高运动鞋的档次，生产质量更佳而更昂贵的运动鞋成了奈特下一步要做的事情。为此，奈特投入了巨额研究经费，造出了上百种新型运动鞋，满足了顾客的需求。因此，耐克击败了所有的竞争对手，包括当时占统治地位的阿迪达斯公司。

在运动鞋市场获得成功之后，1981年，奈特进一步把鞋的种类扩展，生产更多元化的鞋类产品。公司向运动鞋以外的鞋类市场进军，包括轻便的小童鞋、工作鞋等，公司的利润如同滚雪球一样越滚越大。

很早以前，奈特就开始重视研究开发和技术革新工作，公司致力于寻求更轻、更软的跑鞋，并让它不但对穿用者有保护性，也给运动员——世界级运动员或业余爱好者——提供跑鞋工艺所能制作的最先进产品。

奈特重视研究和开发新产品的程度惊人,他雇用了将近100名研究人员,专门从事研究工作,其中许多人具有生物力学、实验生理学、工程技术、工业设计学、化学和各种相关领域的学位。公司还聘请了研究委员会和顾问委员会,其中有运动员、教练员、运动训练员、设备经营人、足病医生和整形大夫,他们定期与公司见面,审核各种设计方案、材料和改进运动鞋的设想。其具体活动有对运动中的人体进行高速摄影分析、运动员使用臂力板和踏车的情况分析、有计划地让300名运动员进行耐用实验,以及试验和开发新型跑鞋和改进原有跑鞋的材料。

为开发新产品,奈特投入的费用是巨大的。1980年用于产品研究、开发和试验方面的费用约为250万美元,1981年的预算将近400万美元。对于像鞋子这样非常普通的物品进行如此重大的研究和开发工作,实在是不同凡响。

如今,在美国的田径场上,大学生运动服、运动员的帽子上,在各种类型的广告中,随处可见耐克的"红钩"标志,它与可口可乐、麦当劳同属世界十大著名品牌。

在如今头脑竞争的年代,越来越多的竞争压力使人们认识到只拥有知识是远远不够的,如何运用知识,如何去解决问题,如何去创新,这一切都要靠人的智慧去解决。经营者必须创新求生存,抓住一切机会,全力以赴地革新进取,才能获得勃勃生机。

8. 贵在"与众不同"

世界上的任何事物都存在不同的方面，如果你能从不同的角度，用不同的视角来观察和思考，往往会有意外的收获，甚至可以收到事半功倍的效果。

许许多多的追随者和模仿者总是喜欢沿着他人的足迹行走，按照他人的思路思考。他们认为，"模仿"可让自己省心省力，是走向成功、创造卓越人生的一条捷径。殊不知，"模仿乃是死，创造才是生"。对任何人来说，模仿都是极愚蠢的事，它是创造的劲敌，会使你的心灵枯竭，没有动力；它会阻碍你取得成功，干扰你进一步的发展，拉长你与成功的距离。

古今中外，凡成功的事例，无不向我们昭示，创造性思维对人生发展具有决定性作用，人们的创造性思维方法在科技发明、生产经营、艺术创作、人际交往、战争谋略中发挥了巨大的功效。但相比而言，为什么我们当中只有少数人成功呢？这是因为许多人盲从习惯，盲从权威，不愿意与众不同，不敢标新立异，所以在任何时候、任何组织中，成功的只有少数人。

日本HU-OSE食品工业公司的浦上董事长对咖喱粉新品种的开发情有独钟。他曾推出跟传统咖喱粉大为不同的"不辣咖喱粉"。当时食品业对浦上大加嘲笑，认为他是"发疯了"，因为在世界的任何地方，当时的咖喱粉都是辣的。但出乎意料的是，被人们断言卖不出去的"白痴咖喱粉"推出不到一年，竟成为了日本最畅销的调料品之一。

成功者之所以会取得惊人的成绩，正是由于他们想到了别人没想到的东西，走上了别人没有走过的路，也正是这种创新思维支持着他们一路走来，让他们跨越障碍直至成功。物质和知识的贫乏并不可怕，可怕的是想象力和创造力的贫乏。必须有与众不同的想法，才能有与众不同的收获。生活总是眷顾那些善于创造、善于动脑、善于发现的人。

美国艾之隆公司董事长布希莱在一次散步时，偶然看到几个小孩在玩一只丑陋的昆虫，爱不释手，便来了灵感：眼下玩具商们都在"美"上做文章，市场上销售的儿童玩具都是美丽耐看的乖巧玩具，何不逆"常"求"反"，生产一些与传统玩具背道而驰的"丑陋玩具"？于是，他亲自组织人力物力，很快研制生产了一套"丑陋玩具"，一面世便一炮打响，求购者趋之若鹜，布希莱也一举成名。

市场经济的辩证法告诉人们：唯思路常新才能财路广开。成功的喜悦总是属于那些不落俗套、富有创意、勇于实践的人们。因此，每一个经营者都应打破常规思想的束缚，用逆向思维去研究消费动态，分析市场行情，寻求创新灵感，从而开发出令人耳目一新、独树一帜的新产品，获取商战之胜利。

美国某市有个叫杰伊的房地产经营商，一天，他去咖啡屋喝牛奶，一杯冒着热气的牛奶送来后，他撩起餐巾布包着玻璃杯往嘴边送的时候，不慎把牛奶打翻了，溅到了腿上，着实给烫了一下。当时他非常恼火，继而他又异想天开，就不能给咖啡杯、牛奶杯之类的开发生产一种既漂亮又得手的隔热装置吗？每天全国有数以千万的人要喝煮过的牛奶和咖啡，岂不是很有市场吗？

于是，他放弃了房地产经纪的工作，用箔纸板设计开发出了一种"爪哇隔热罩"，不久之后，该市所有的咖啡馆便都一举"武装"上了，后来广告一打出，全国各地来订货的客商络绎不绝。现在，杰伊开发生产的"爪哇隔热罩"每月要销出450万只。

其实，与众不同也很容易，我们每个人只要不总是按照别人的想法想问题，不总是按照别人的做法去做事情，就一定能做出不寻常的业绩，走上与众不同的成功之路。